演習 Webプログラミング入門

HTML CSS JavaScript 改訂版

齋藤 真弓　海老澤 信一　編著
神 美江　著

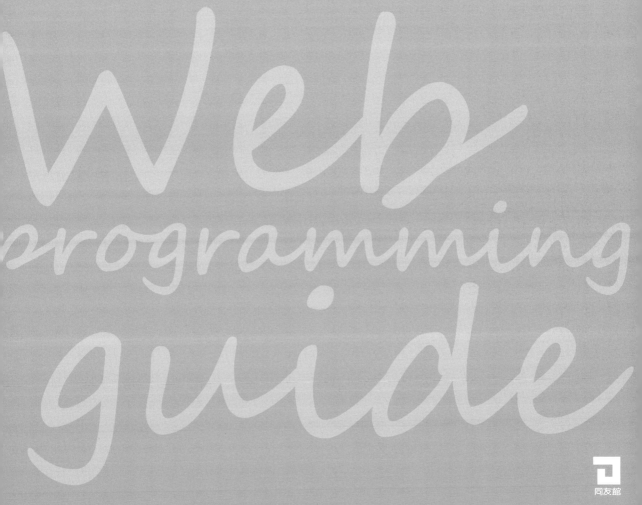

はじめに

　スマートフォンやクラウドコンピューティングが進化を加速するIT（Information Technology）革命の現代は、仕事や学習にネットワークを駆使しなければならない時代です。しかし、Webページ・スタイルシート・JavaScriptなどと言っても「何を、どこから、どのように手をつけたら良いのか？」途方にくれてしまう人も多いのも現実でしょう。市販本やマニュアルを読むと専門用語ばかりで、どのようにしたら良いか分からないという声を耳にします。

■本書のねらい

1. 本書は、技術革新が進むインターネット世界において、**Webページの仕組みを深く理解し**仕事や学習により良く活用できることをねらっています。
2. 本書は、初心者を対象に**やさしい例題**から始めて**ビジネスに応用**できるところまで、親切に導きます。
3. 本書は、**演習を中心に執筆**してありますので、個人での学習はもとより、学校での情報教育授業・企業での新人教育・各種講習会等の**テキストや参考書**として大変役立ちます。

■本書の特長

1. 本書では、私たちが授業で学生を教えるのに**工夫した教材**や、経験から得た**教育順序**が、いろいろな箇所に反映されています。これは私たちが長い間初級情報教育に携わってきた成果と自負しています。
2. 本書では、例題を中心に順を追って演習しますので、**Webプログラミング技術**が自然に身につくように工夫されています。
3. 本書では、**インターネットの概要**から始まり、**HTML**、**CSS（スタイルシート）**、**JavaScript**を演習し、**Webページ制作**が体験できるように解説してあります。
4. 本書は、**基本的な機能を学習**することを目的としています。今後、HTML、CSSの技術は飛躍的に発展しますが、まず**基本をしっかり学ぶ**ことが大切な第一歩です。
5. 本書は、既刊の姉妹書である「**情報リテラシー基礎（同友館）**」と併せてご利用されることをお勧めします。この姉妹書はWord、Excel、PowerPoint、Accessなどのソフトウェア演習を分り易く解説していて大変好評です。

（注）HTML、CSSの仕様は版を重ね、現在はHTML5、CSS3の組み合わせが最新で、対応するブラウザのサポートも進んでいます。HTML5の仕様は、時代を大きく反映して新しい考え方や技術が追加されます。本書では、基本的な機能の学習を主にしていますので、HTML5で新規に追加されたタグなどは、一部紹介するに留めています。CSS3に関しても同様です。本書は、各種ソフトウェアのバージョンが多少違ってもテキストとして十分使えます。本書に掲載されているプログラムは、Internet Explorer Version 11で確認してあります。

　最後に、度重なる校正にも親切丁寧にご協力頂いた㈱同友館武苅夏美氏に心から感謝すると共に、本書が日本におけるネットワークリテラシー教育充実の一助となれば幸いです。

著　者

目次

第1章 インターネットの概要

1-1 インターネットの概要 …………… 2
- 1-1-1 インターネットとは 2
- 1-1-2 インターネットのサービス 6

1-2 Webページの制作 …………… 8
- 1-2-1 Webページの基本 8
- 1-2-2 Webページ制作の道具 11
- 1-2-3 Webページの制作手順 12

第2章 HTML

2-1 HTML …………… 14
- 2-1-1 HTMLとは 14
- 2-1-2 HTMLファイルの作成方法 例題1（ファイル名：sample1.html） 16
- 2-1-3 HTML要素とプログラミング 18
- 2-1-4 練習問題 20

2-2 見出し文字 …………… 21
- 2-2-1 見出し文字と段落 例題2（ファイル名：sample2.html） 21
- 2-2-2 練習問題 24

2-3 リスト …………… 26
- 2-3-1 リスト 例題3（ファイル名：sample3.html） 26
- 2-3-2 練習問題 28
- 総合練習問題1：（フォルダー名：basic） 30

2-4 テーブル …………… 31
- 2-4-1 テーブル 例題4（ファイル名：sample4.html） 31
- 2-4-2 セルの結合 34
- 2-4-3 練習問題 35
- 総合練習問題2：テーブル（ファイル名：schedule.html、フォルダー名：basic） 37

2-5 画像 …………… 38
- 2-5-1 画像 例題5（ファイル名：sample5.html） 38
- 2-5-2 練習問題 42
- 総合練習問題3：画像 44

2-6 リンク …………… 45
- 2-6-1 リンク 例題6（ファイル名：index.html、sample4.html、ex41.html、ex42.html フォルダ名：sample6） 45
- 2-6-2 リンクの種類 46

2-6-3　練習問題　49

2-7 フォーム……………51
　2-7-1　フォーム　例題7（ファイル名：sample7.html）　51
　2-7-2　練習問題　55
　総合練習問題4：リンク（フォルダー名：basic）　55

第3章 CSS

3-1 スタイルシート……………58
　3-1-1　スタイルシートとは　58
　3-1-2　スタイル規則　59
　3-1-3　クラスとID　61

3-2 文字のデザイン……………63
　3-2-1　文字の色　例題8（ファイル名：sample8.html）　63
　3-2-2　文字の大きさ　例題9（ファイル名：sample9.html）　67
　3-2-3　文字の種類　例題10（ファイル名：sample10.html）　70
　3-2-4　文字の装飾　例題11（ファイル名：sample11.html）　73
　3-2-5　練習問題　75

3-3 リストのデザイン……………78
　3-3-1　リストのマーク　例題12（ファイル名：sample12.html）　78
　3-3-2　リストの画像　例題13（ファイル名：sample13.html）　80
　3-3-3　練習問題　81

3-4 背景のデザイン……………84
　3-4-1　背景色　例題14（ファイル名：sample14.html）　84
　3-4-2　背景画像　例題15（ファイル名：sample15.html）　86
　3-4-3　練習問題　90

3-5 ボックスのデザイン……………92
　3-5-1　ボーダーの設定　例題16（ファイル名：sample16.html））　92
　3-5-2　マージンとパディングの設定
　　　　　　　　　　　　例題17（ファイル名：sample17.html）　95
　3-5-3　練習問題　98

3-6 テーブルのデザイン……………100
　3-6-1　セル内の文字の位置揃え　例題18（ファイル名：sample18.html）　100
　3-6-2　セル内の文字の配置　例題19（ファイル名：sample19.html）　102
　3-6-3　ボーダーと背景色　例題20（ファイル名：sample20.html）　104
　3-6-4　ボーダーの統合　例題21（ファイル名：sample21.html）　106
　3-6-5　練習問題　107

3-7 配置のデザイン……………109
　3-7-1　テキストの回り込みと解除　例題22（ファイル名：sample22.html）　109

3-8 外部ファイルのデザイン……………112
　3-8-1　外部スタイルシートの取り込み　例題23（ファイル名：abc.html　keiei.html
　　　　　　　hoh.html　design.css　フォルダー名：sample23）　112
　3-8-2　練習問題　115

3-9 レイアウト……………118
　3-9-1　段組み　例題24（ファイル名：sample24.html　style.css
　　　　　　　　　　フォルダー名：sample24）　118
　3-9-2　練習問題　121
　　総合練習問題5：（ファイル名：style.css　index.html　bridge.html
　　　　　　　tower.html　schedule.html　フォルダー名：basic2）　121

第4章 JavaScript

4-1 JavaScriptとは……………130
　4-1-1　JavaScriptの書式　130
　4-1-2　オブジェクトとは　131
　4-1-3　メソッドとプロパティ　132

4-2 基本メソッド……………134
　4-2-1　writeメソッド　例題25（ファイル名：sample25.html）　134
　4-2-2　alertメソッド　例題26（ファイル名：sample26.html）　136
　4-2-3　promptメソッド　例題27（ファイル名：sample27.html）　138
　4-2-4　confirmメソッド　例題28（ファイル名：sample28.html）　139
　4-2-5　練習問題　140

4-3 変数……………141
　4-3-1　変数　例題29（ファイル名：sample29.html）　142
　4-3-2　変数の計算　例題30（ファイル名：sample30.html）　143

4-4 演算子……………145
　4-4-1　演算子　例題31（ファイル名：sample31.html）　145
　4-4-2　練習問題　147

4-5 条件分岐……………148
　4-5-1　IF THEN ELSE型　例題32（ファイル名：sample32.html）　148
　4-5-2　IF THEN型　例題33（ファイル名：sample33.html）　150
　4-5-3　IF THEN ELSE 多重型　例題34（ファイル名：sample34.html）　152
　4-5-4　IF THEN 多重型　例題35（ファイル名：sample35.html）　154
　4-5-5　練習問題　156

4-6 繰返し……159
- 4-6-1 FOR 構文　例題 36（ファイル名：sample36.html）　159
- 4-6-2 FOR 構文（計算）　例題 37（ファイル名：sample37.html）　161
- 4-6-3 練習問題　161

4-7 プロパティ……163
- 4-7-1 bgColor　例題 38（ファイル名：sample38.html）　163
- 4-7-2 fgColor　例題 39（ファイル名：sample39.html）　164
- 4-7-3 練習問題　165

4-8 関数（ユーザー定義関数）……167
- 4-8-1 関数定義　例題 40（ファイル名：sample40.html）　168
- 4-8-2 引数のある関数　例題 41（ファイル名：sample41.html）　169
- 4-8-3 戻り値のある関数　例題 42（ファイル名：sample42.html）　170

4-9 form オブジェクト……172
- 4-9-1 element オブジェクト　例題 43（ファイル名：sample43.html）　172
- 4-9-2 添字番号による element の操作　例題 44
  　　　　　（ファイル名：sample44.html）　174
- 4-9-3 フォームの確認　例題 45（ファイル名：sample45.html）　176
- 4-9-4 練習問題　178

4-10 イベントハンドラー……179
- 4-10-1 onclick　例題 46（ファイル名：sample46.html）　180
- 4-10-2 onmouseover　onmouseout　例題 47
  　　　　　（ファイル名：sample47.html）　181
- 4-10-3 onload　例題 48（ファイル名：sample48.html）　183

4-11 window オブジェクトの操作……184
- 4-11-1 Open メソッド　例題 49（ファイル名：index.html　hawaii.html　style.css
  　　　　　　　　　　フォルダー名：sample49）　184
- 4-11-2 Close メソッド　例題 50（ファイル名：hawaii.html
  　　　　　　　　　　フォルダー名：sample49）　186
- 4-11-3 setTimeout メソッド　例題 51（ファイル名：index.html　hawaii.html
  　　　　　　　　　style.css　フォルダー名：sample49）　187
- 4-11-4 練習問題　188

4-12 組み込みオブジェクト……190
- 4-12-1 Date オブジェクト　例題 52（ファイル名：index.html
  　　　　　　　　　　フォルダー名：sample6-js）　190
- 4-12-2 日付を表示する　例題 53（ファイル名：index.html
  　　　　　　　　　　フォルダー名：sample6-js）　192

4-12-3 Array オブジェクト（曜日の表示） 例題 54（ファイル名：index.html
                  フォルダー名：sample6-js） 194

  4-12-4 Math オブジェクト日付の計算 例題 55（ファイル名：index.html
                    フォルダー名：sample6-js） 195

  4-12-5 String オブジェクト（文字列操作） 例題 56（ファイル名：index.html
                design.css フォルダー名：sample23-js） 197

 総合練習問題 6：ファイル名：index.html bridge.html bridge-route.html
      tower.html tower-route.html form.html フォルダー名：basic3） 199

　本書の内容については万全を期しましたが、万一説明の誤り、記載漏れなどお気づきの点がありましたら、メールなどで出版社にご連絡ください。但し、ソフトウェア運用上の結果については、責任を負いかねますのでご了承ください。

同友館オンライン書籍関連ダウンロード：http://www.doyukan.co.jp/download/
　本書の例題や練習問題あるいは総合練習問題で使用されている各種オリジナル画像や入力に時間がかかる長文などは、同友館サイトより簡単に入手することができます。この他にも、関連する練習問題を新たに追加したり、HTML タグやスタイルシートなどの一覧表が入手できるように随時整備致します。個人学習はもとより、授業や講習会の授業進度に合わせて、ご利用ください。

第 1 章
インターネットの概要

1 -1 インターネットの概要

1 -2 Web ページの制作

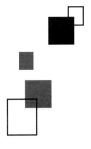

演習 Web プログラミング入門

1-1 ◆ インターネットの概要

　インターネットの技術は、現代社会に大きな影響を与えた産業革命に匹敵する技術と言われています。情報が世界を変えたという意味で、IT（Information Technology：情報技術）革命と呼ばれています。ITの代わりにICT（Information Communication Technology：情報通信技術）という言葉が使われることもあります。いずれにしろ、この大きな変革は情報処理（コンピュータ）と情報通信（ネットワーク）の技術が融合したインターネットの発達があったからです。インターネットを通して、時間と距離を越えて、個人が世界中の人や組織とコミュニケーションを取ることができます。現代に生きる私たちが、世界とコミュニケーションできる道具を手に入れたことは、社会に大きな影響を与えています。

1-1-1　インターネットとは

1）インターネット小史

　現在のインターネットは、1969年のARPANET（Advanced Research Projects Agency Network：アルパネット）というネットワークが基礎になっています。全米にある国防総省のコンピュータをネットワークで結んで、冷戦時代の核攻撃にも耐えられるようにする目的の分散型ネットワークシステムの研究がもとになっています。

　その後、考案されたTCP/IP（Transmission Control Protocol / Internet Protocol）という通信規約（プロトコル）の採用は、コンピュータ同士を結びつける契機になりました。さらにヨーロッパの研究所（CERN）でイギリス人の研究者が考案したWWWの仕組みを、1993年アメリカのイリノイ大学の学生がブラウザを制作することで発展させました。Webブラウザは、文字だけでなく画像を見ることができる画期的なもので、これを契機としてインターネットの利用が世界中に爆発的に広がりました。

1969年	分散型ネットワークARPANET（米国国防総省高等研究計画局が主導した研究）が始まる。
1975年	TCP/IP（通信規約）の実験開発が始まり、その後、TCP/IPがインターネットの発達に繋がる。
1984年	学術ネットワークであるJUNET（Japan University NETwork）が、日本におけるインターネットの起源となる。
1988年	WIDEプロジェクトが発足し、日本でのインターネットの研究と運用が行われる。
1989年	CERNのティム・バーナーズ＝リー氏によって、WWW(World Wide Web)が考案される。
1990年	商用ネットワーク（米国）が広がり、インターネットの民間利用が始まる。その後、日本でもインターネットの商用利用が始まる。

1993 年	世界最初の Web ブラウザ(Mosaic：モザイク)が公開される。
1994 年	Yahoo! が誕生する。Amazon が創業する。
1995 年	Windows95 が発売され、この OS に搭載された Web ブラウザ (Internet Explorer)を使って、個人のインターネット利用も広がる。
1998 年	Google が設立される。2001 年に IT バブルの崩壊が起こる。
2000 年代	Web2.0（ホームページの双方向化）の時代と呼ばれた様に、ブログ（Blog）、SNS(Social Networking Service) が広がりを見せる。そして、ソーシャルメディア（Facebook、Twitter、YouTube、ブックマーク等）が、社会に大きな影響を与える。
2006 年〜	クラウド・コンピューティングが社会へ浸透し始める。
2010 年代	スマートフォンが急速に社会へ普及する。そして、ビッグデータの試行が始まる。

2)インターネットのしくみ

　インターネットは、企業、大学、官公庁、インターネットサービスプロバイダ（ISP）など、様々な数多くのネットワークが集まって、世界的な規模で構築されています。WWW（World Wide Web）の言葉通り、ワールドワイドで世界中に広がっています。私たちが日常的に使う WWW は、Web ページを閲覧、検索、発信するための仕組みやサービスを意味する言葉です。Web とは（クモの巣）という意味ですが、情報が世界中に網目のように広がっている状態を表しています。

　インターネット上には多数のコンピュータが接続されており、これらを識別するために、IP アドレスやドメイン名というものが使われます。電話番号と同じように、IP アドレスはインターネットに接続されたそのコンピュータが、世界中で唯一であることを示す数字列です。しかし、人間がこの数字列をそのまま使うのは大変不便です。そこで、人間に分り易い DNS（Domain Name System）というシステムを作って、インターネットの中で IP アドレス（数字列）とドメイン名（文字列）を自動的に変換する仕組みが考えられました。私たちはドメイン名を使えば良いのです。ドメイン名は URL やメールアドレスに使われます。

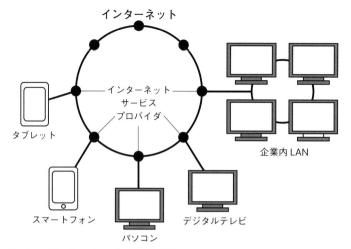

図1-1-1　インターネットの概念図
参考：総務省国民のための情報セキュリティサイト
http://www.soumu.go.jp/main_sosiki/joho_tsusin/security/basic/service/02.html

3) IPアドレス

　インターネットに接続しているコンピュータを識別するために、1台1台に割り振られた数字列のことをIPアドレス（Internet Protocol Address）と呼びます。従来、IPアドレス（IPv4）は32ビットで作られ、およそ43億台のコンピュータを識別できました。しかし、インターネットが世界的に爆発的に普及したことでIPアドレスが枯渇したため、次世代のインターネットでIPアドレス（128ビット）が拡張されます。これをIPv6と呼び、世界中で十分なIPアドレスを持つことができます。今までのIPアドレスをIPv4、これからのIPアドレスをIPv6と呼びます。vはVersion（版）の意味です。

　　　　IPアドレス（IPv4）の例：255.55.45.10

4) URLとドメイン名

　イーネット上に存在する情報の「場所」と「取得方法」を記述したものを、URL（Uniform Resource Locator）と呼びます。ホームページの所在を表す文字列、すなわちホームページアドレスとして使われます。電子メールやWebサイトの相手が、インターネット上のどこにあるかを特定する名前をドメイン名（Domain Name System）といいます。郵便で手紙を送る場合の住所にあたります。

　国内では、JPNIC（Japan Network Information Center：日本ネットワークインフォメーションセンター）という組織が非営利公益法人のICANN（Internet Corporation for Assigned Names and Numbers）と連携してIPアドレスやドメイン名の管理を行っています。

　　　　URLの例：http://www.doyukan.co.jp　　㈱同友館（この書籍の出版社）
　　　　　　　　http://www.yahoo.co.jp　　　　YAHOOのホームページ
　　　　　　　　http://www.youtube.com/　　　 YouTubeのホームページ

Webの場合

メールの場合

図1-1-2　URLとドメイン名

①プロトコル名

　接続しようとするプロトコル（通信規約、通信手順）を指定するものです。httpとは、Hyper Text Transfer Protocolの略で、Webページを閲覧するために、ハイパーテキスト形式のファイルを転送するための通信規約を意味しています。

②サーバーの種類：第4レベルドメイン

　インターネット上のサーバーを表しています。WWW（World Wide Web）はインターネットサービスの1つで、インターネット上にあるファイル同士を結んで、文字や画像や音声や動画を交換する仕組みです。

③固有の名前：第3レベルドメイン

　WWWを用意してサービスを提供している組織の名称です。ドメイン名の中で、自由に名前をつけられる部分です。doyukan.co.jpをドメイン名と呼び、www.doyukan.co.jpをホスト名と呼ぶこともあります。

④属性：第2レベルドメイン

　組織の種類を表しています。coは企業、acは大学や研究所、goは政府機関、neはネットワーク管理組織となっています。

⑤国名：トップレベルドメイン

　com（商用）やorg（非営利団体）のように分野を示す場合と、jpのように国を示す場合があります。

⑥ディレクトリ名

　情報が格納されているサーバー内のフォルダ名とそのフォルダの位置を表しています。

⑦ファイル名

　ディレクトリ内に入っているファイルの名前です。index.htmlは、最初に表示されるページを指しています。

⑧ユーザー名

　アカウント名とも言います。個人を識別するための登録した名前です。自由に決められますが、ドメイン名を含め、同じアドレスは使用できません。

⑨メールサーバー名

　サービスを提供している組織が管理しているメール用サーバーの名前です。メールサーバー名がない場合もあります。

1-1-2　インターネットのサービス

　飛躍的に発展しているインターネットは、私たちの暮らしや企業、社会などに大きな恩恵をもたらしました。インターネットを利用したサービスやサイトには様々なものがあり、日々進化し発展しています。これらのサイトやサービスについて見てみましょう。

1)検索サイト

　検索サイトとは、検索キーワードを入力して検索すると、世界中や日本中からそのキーワードに関連する情報を探して、一瞬にして大量の情報を表示してくれるサイトです。私たちが日常に活用している Google や Yahoo などは代表的なサイトです。このようなサイトが持つ機能を、検索エンジンあるいはサーチエンジンと呼びます。

2)ショッピングサイト

　ショッピングサイトとは、国内外を問わずインターネットを通じて、さまざまな商品やサービスを購入できるサイトです。いつでも、どこでも、手軽に欲しい商品を手に入れることができ、生活の一部ともなっています。amazon、楽天市場などのインターネット専門サイトをはじめ、百貨店や小売店、メーカーなど多くの企業がネット上にもショッピングサイトを開設しています。

3)ネットオークション

　オークションサイトとは、インターネットを通じて、さまざまなものを出品したり落札できる商取引サイトです。日本では1995年に古物営業法が改正され、一般消費者もオークションに参入できるようになりました。1998年には「楽天スーパーオークション」が開設され、有名な「ヤフーオークション」は1999年に始まり、大きな市場となっています。

4)ネットスーパー

　ネットスーパーとは、24時間インターネットで注文を受け、短時間で自宅まで商品を配送してくれるオンライン版スーパーマーケットです。大手スーパーも参入し、食品から日用品まで、取り扱う商品数が増え、配送するエリアとともに充実してきています。

5)コミュニケーションサイト

　コミュニケーションサイトとは、ブログ、ツイッター、SNS（Twitter や Facebook など）など、自分のページを開設して手軽に参加できる日記的・日常的な Web サイトです。いつでも、どこでも手軽に情報のやり取りができるコミュニケーションネットワークのひとつです。特に LINE は会話感覚でグループのメンバーとリアルタイムでつながることができるアプリケーションです。個人の参加だけでなく、多くの企業も情報発信や広告活動に活用している重要なメディアとなっています。携帯電話、スマートフォン、タブレット端末の普及により、ますます発展する分野といえます。

6) チャット

　チャットとは、チャットルームと呼ばれるインターネット上の空間で、文字ベースによって複数の人たちとリアルタイムで会話を行うことができるシステムです。多くのチャットサイトでは、テーマ別にネット上の部屋があり、自分の目的に合わせて部屋を利用できるようになっています。一般的な電話のように声でやりとりする「ボイスチャット」や、動画像を使ってテレビ電話を行う「ビデオチャット」などもあります。

7) 無料電話サービス

　Microsoft の skype をはじめいくつかの企業が提供している無料電話サービスがあります。同じサービスのユーザー同士が 24 時間無料で音声通話（電話）ができるものです。skype などは、固定電話や一般の携帯電話にも通話ができ、チャットも可能となっています。無料電話サービスを利用した語学レッスンなど幅広く利用が広がっています。

8) オンラインストレージサービス

　ストレージサービスとは、インターネット上にファイルを保管するスペースを提供するサービスです。ドキュメントファイル、画像や動画データなどが保存できます。パソコン自体に保存する場合と違い、ネットワークにつながる環境ならいつでもこれらの情報を保存したり、ダウンロードすることが可能です。画像を家族や知人と共有することもでき、バックアップとしても利用できます。代表的なものに Dropbox、Google ドライブ、One Drive などがあります。また個人のメールでは送れない大容量のファイルをそのサイトにアップして、送信者が指定した人にダウンロードしてもらうという様な、ファイル送信サービスも拡充しています。

9) クラウドサービス

　有名な Salesforce は米国に本社を置き各国に拠点を持つ、インターネットを通じて企業向けにクラウドサービスを提供している企業です。顧客関係管理、営業支援、マーケティング、サービス・サポート、代理店管理、コンテンツ管理などのアプリケーションを提供し、契約した企業のビジネスをバックアップしています。利用料を払って、ビジネスに必要とする機能だけを使うことができます。

1-2 ◆ Web ページの制作

　世界に向けて情報を発信するには、今まではマスメディアと呼ばれる放送局や新聞社などの大がかりな組織を通して、沢山の人間が関わる必要がありました。現代ではインターネットを通して、時間と距離を越えて、比較的簡単に個人が世界に向けて情報を発信することができます。これをパーソナルメディアと呼ぶ場合もあります。考えてみれば、驚くべき技術を私たちは手に入れたと言えるでしょう。

　IT 革命と呼ばれる現代社会の大きな変革は、このようなインターネットの急速な発展が基礎になっています。現代に生きる私たちが、世界とコミュニケーションができる道具を使えることは、大変意義のあることです。

1-2-1　Web ページの基本

1) ホームページと Web ページ

　ブラウザ（閲覧ソフトウェア）で見ることができる文字や画像で作られているページを Web ページと呼びます。Web ページの中では、指定されている部分をクリックすると、他の Web ページを簡単に参照することができます。このような結びつきをハイパーリンクと呼びます。Web ページは複数のページで構成されているのが普通です。

　通常言われるホームページとは「複数の Web ページから構成される先頭のページ」を指し、「ABC 大学のホームページ」などと言ったときは、「Web ページ全体」を指していることも多いようです。すなわちホームページとは、広義には「複数の Web ページの集まり」であり、狭義には「複数の Web ページの先頭ページ」ということになります。Web ページは個々のページを指す場合に使われます。一方、ホームページの格納場所を指す言葉として、Web サイトと呼ぶ場合もあります。

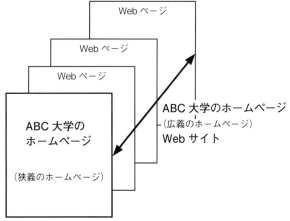

図 1-2-1　ホームページと Web ページ

2) Web ページ閲覧のしくみ

　Web ページは、インターネットの WWW (World Wide Web) サービスという技術を利用しています。WWW を単に Web (ウェブ) と呼ぶ場合もあります。Web ページを見る仕組みは、

　①クライアント（利用者のパソコン）から**アドレス**を送る（リクエストする）と、

②サーバー（情報の格納場所)に蓄えられた**Web ページ情報**が、

③**インターネット**を通じてクライアントに返送され(レスポンスされ)、

④クライアントにある**閲覧ソフトウェア(ブラウザ)** で見る

というものです。

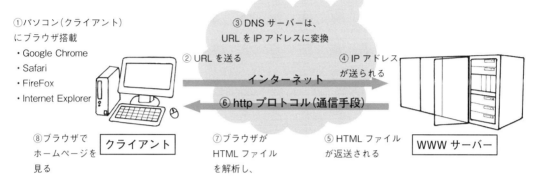

図 1-2-2　Web ページとクライアントサーバーシステム

・クライアント(Client：顧客の意味)は、情報を利用するコンピュータ
・サーバー (Server：提供者の意味)は、情報を格納しているコンピュータ
・HTML(Hyper Text Markup Language)は、Web ページを制作する言語
・URL(Uniform Resource Locator)は、Web ページがあるサーバーのアドレス
・ブラウザ(browser)は、HTML ファイルを解析し、Web ページを閲覧するためのソフトウェア

3)閲覧ソフトウェア(ブラウザ)の種類

閲覧ソフトウェア(ブラウザ)にはさまざまな種類があります。

Internet Explorer：Microsoft 社が提供する Windows の標準ブラウザ
Google Chrome：Google が提供する高速ブラウザ
Safari：Apple 社が提供する Mac OS X および iPhone の標準ブラウザ
Opera：Opera Software 社が提供する携帯電話、ゲーム機、ハイビジョンテレビに広汎に対応したコンパクトで軽快なブラウザ
Firefox：Mozilla Foundation が開発保守する高機能ブラウザ

4)クライアントサイドとサーバーサイド

図 1-2-2 のように、Web ページを処理する場所は情報を閲覧するクライアントサイドと情報を格納するサーバーサイドのふたつに大別でき、異なった Web プログラミング技術が使われています。

①クライアントサイド Web プログラミング

　クライアントサイド Web プログラミングは、WWW サーバーから提供された HTML などのプログラミング情報をすべてブラウザ側へ渡し、以後の処理をすべてブラウザ側で行います。

　クライアントサイド Web プログラミングは、サーバーへの負担を軽減することができ、サーバーへ大量のアクセスがある場合はサーバー側の処理を軽減させることができます。しかし、情報がすべてクライアントサイドであるブラウザへ渡されてしまうため、知らせなくても良い情報を渡してしまう危険があります。

図 1-2-3　クライアントサイドの場合

②サーバーサイド Web プログラミング

　サーバーサイド Web プログラミングは、ブラウザとサーバーが通信を行う際に、提供するプログラミング情報をブラウザ側へ渡しますが、全てではなくブラウザ側から要求があったとき再度、サーバー側に格納されているプログラムで処理し、結果をブラウザ側へ返すといったプログラミング技法です。

　サーバーサイド Web プログラミングはサーバー側で処理する負担が増えますが、不必要な情報や知らせなくても良い情報を渡してしまう心配がなくなります。これは一定の権限をもつ者へ、限られた情報を提供することなどを可能とします。本書ではクライアントサイド Web プログラミングを演習します。

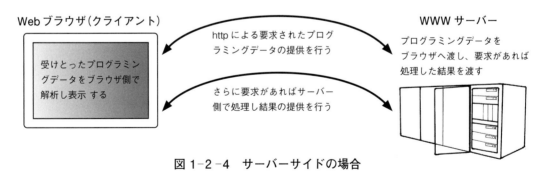

図 1-2-4　サーバーサイドの場合

1-2-2　Webページ制作の道具

　Webページを制作するには若干の道具が必要ですが、個人でもこれらの道具を揃えて簡単に世界に向けて情報を発信することができます。主な道具であるテキストエディタ、Webページ作成ツール、画像編集ソフトウェア、FTPクライアントソフトウェアについて説明します。

1) テキストエディタ

　WebページはHTMLという言語でテキスト（文字情報）のみで記述されています。プログラムが書かれたテキストをソースコードと言います。ソースコードの記述にはテキストエディタと呼ばれるテキストファイルを作成・編集・保存するソフトウェアが必要です。一般的にはメモ帳が知られていますが、TeraPad（フリーソフト）、秀丸（シェアウェアソフト）などがHTML言語のソースコードを記述するのに適していると言われています。タグ、属性、テキストが色分けでき、行番号が表示できるため、入力、校正、修正が行ないやすくなっています。保存する際も文字コードの指定、ファイルの種類などが選択できるので使い勝手の良いエディタソフトウェアです。

2) Webページ作成ツール

　Webページを作成するには、従来はHTML言語を理解して使いこなす必要がありました。近年はWebページ作成ツールが発達し、素人でもワープロ感覚で素敵なWebページを作成することが可能です。代表的なWebページ作成ツールには、ホームページビルダー、Adobe Dreamweaver、ホームページ制作王など、いろいろなツールが市販されています。Webページ作成ツールでワープロ感覚でページを作成すると、ツールの内部でHTML言語で書かれた命令に変換してくれるので、難しいHTML言語の知識は不要です。

3) 画像編集ソフトウェア

　画像を扱うには、画像を制作したり、画像を編集したり、ファイル形式を変換したりする画像ソフトウェアが必要です。最近はこれらのソフトウェアもインターネットで提供されていたり、安価であったり、個人でも手に入れやすくなりました。代表的な市販の画像ソフトウェアであるAdobe PhotoShopやIllustratorだけではなく、Adobe Fireworksなどがあります。優れた機能をもつソフトウェアもインターネットで入手できますから、調べてみてください。

4) FTPクライアントソフトウェア

　できあがったWebページは、作成したパソコンからWebサーバーに転送して保管しなければなりません。これをアップロードと呼び、このとき使われるのがFTPクライアントソフトウェアです。FTPとは、File Transfer Protocolの略で、ファイルを転送するときの通信規約という意味です。代表的なFTPクライアントソフトウェアには、FFFTP・WinSCP（windows専用）、FileZilla・Cyberduck（Windows・Mac）などがあります。

（注）本書では、全編を通じて、テキストエディタで作成したファイルをパソコン自体（デスクトップやUSBなど）に保存します。その後、正しく作成されたかを確認するため、ブラウザでそのファイルを読み込み、文字や色や画像などを表示してHTML、CSS、JavaScriptの機能を確認しています。

　しかし、実際のインターネットでは、図1-2-2にあるように、完成した各種ファイルはFTPソフトウェアを利用してWWWサーバーに送信し保管します。そして、インターネット（のURL）を介して、WWWサーバーから目的と

するHTMLファイルを受け取りブラウザはそれを表示しているのです。

5)オンラインwebビルダー

　クラウド上で簡単にWebページが作成でき、同時にアップロードできるサービスが世界中でシェアを広げています。代表的なものにJimdo、Wixがあります。HTML言語、サーバーサイドプログラミングなど専門知識がなくても、Webサイトが開設できます。デザインも豊富で、地図、YouTube、決済機能などをクリックするだけで追加でき、本格的なサイト運営が可能です。

1-2-3　Webページ制作の手順

　Webページを制作するには、制作手順を知り、制作に関わる作業の全体を把握しておくことが大切です。ここでは、制作手順や考慮すべき項目について学習しましょう。

1)モノの制作

　モノを制作するには、一般的に次に示すような**企画と設計**および**開発とテスト**の工程を経てモノが作られ、実際に人々に利用されるようになります。

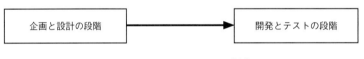

図1-2-5　モノの制作

2) Webページの制作

　Webページの制作もモノを作るわけですからほぼ同様の工程です。少々現代的な呼び方でいえば、次のようになります。

図1-2-6　Webページの制作手順

　①プランニングとは、目的やニーズに合わせて最初の企画や設計を行う段階で、
　②ページデザインとは、Webページをデザインし全体構成を考える段階です。
　③素材制作とは、各ページで使用される素材を制作する段階で、
　④オーサリングとは、それらの素材を使って実際にWebページを制作する段階です。

（注）CG-ARTS協会発行「情報-デジタルコミュニケーション」平成12年3月15日引用し編集加筆

第 2 章

HTML

- 2-1 HTML
- 2-2 見出し文字
- 2-3 リスト
- 2-4 テーブル
- 2-5 画像
- 2-6 リンク
- 2-7 フォーム

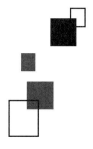

演習 Web プログラミング入門

2-1 ◆ HTML

2-1-1　HTMLとは

　HTMLについて学習します。HTMLは、Webページを作成するために開発されたマークアップ言語です。HTMLの構成、書き方などを学習し、より深くWebページを理解しましょう。

図2-1-1　WebページとHTMLソースコード

　HTMLは、**Hyper Text Markup Language**の略で、Webページを記述する**マークアップ言語**です。HTMLで記述されたテキストファイルをHTML形式のファイルに保存し、ブラウザで表示することでWebページとして閲覧することができます。マークアップとは目印を付けるという意味で、タグによって囲まれた目印が付けられた内容が、ブラウザによって表示される仕組みになっています。

　HTMLを理解し、テキストエディタで正しく記述すれば、Webページ作成ソフトウェアを使用せずに、Webページを作成することができます。1-2-2項「Webページ制作の道具」で述べたように、Adobe DreamweaverなどのWebページ作成ソフトウェアを利用することはできますが、HTMLの構成やコマンドをまず理解し、そのソースコードを読みとることが重要です。

1）HTMLの構成

　HTMLの構成と意味を覚えましょう。HTMLコマンド（command：命令文）は、<html>のようにコマンド名を**タグ**（tag）と呼ばれる＜＞で囲んで記述します。Webページは、複数のタグ（HTMLコマンド）を構成することで作成されます。タグは、大文字でも小文字でも良いですが、本書では小文字で表記します。また本書では、HTMLコマンドの一連の並びを**ソースコード**（つまり元となる命令文の意）と呼び、ソースコードをファイルとして保存したものを**HTMLファイル**と呼び、区別します。

14

2) タグの構造

開始タグ ＜コマンド＞

終了タグ ＜/コマンド＞

　開始タグはコマンドの始まりを、終了タグはコマンドの終わりを意味します。この2つのタグでコンテンツ(内容)をはさむように記述します。また、
のように終了タグのないものもあります。

3) HTMLの基本構造と要素

HTMLはdoctype部「文書型定義記述」とhtml部「タグ記述」で構成されます。さらにhtml部はhead部「ヘッダー記述」とbody部の「ボディ記述」で構成されます。記述に際して理解しておきたい用語は「要素」、「コンテンツ」、「属性」です。

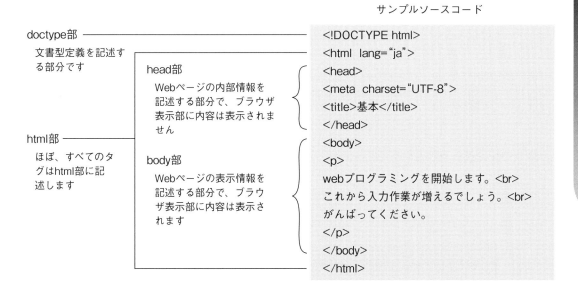

① 「要素」とは、開始タグから終了タグまでの一連の記述を言います。
② 「コンテンツ」は、要素に包含される内容です。開始タグと終了タグの間にはさまれる「文字列」や「要素」です。要素内に入る要素は子要素と呼びます。要素に別の要素を子要素としてはさむことを要素の入れ子と呼びます。
③ 「属性」は、開始タグの＜＞内に要素名(コマンド名)の次に記述される文字列で、属性名と属性値で構成されます。属性は別名でプロパティとも呼ばれることがあります。これは要素の特性とか特色といった意味です。

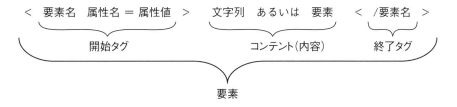

2-1-2　HTMLファイルの作成方法　例題1（ファイル名：sample1.html）

　以下のサンプルソースコードを入力し、Webページを作成してみましょう。このHTMLソースコード（以下ソースコード）をもとにして、以降の例題や練習問題を修正すると便利です。

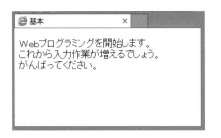
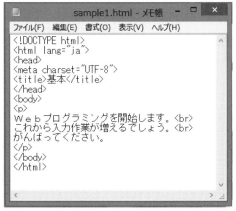

図2-1-2　HTMLファイルの保存

1) 事前準備

　ファイルを保存する場所を用意します。これから先の演習では、各種ファイルはハードディスク（あるいはUSBメモリーや個人のネットワークドライブなど）に保存します。htmlという名前のフォルダーを作成してください。（注）

① スタート画面からデスクトップをクリックし、PCアイコンより保存先を選択します。〔ホーム〕-〔新しいフォルダー〕をクリックするか、ウィンドウの中でマウスを右クリックし、表示されたショートカットメニューから〔新規作成〕-〔フォルダー〕をクリックします。

② 新しいフォルダーがフォルダーアイコンとともに作成されます。「新しいフォルダー」という名前をhtmlに変更します。

2) HTMLファイルの作成

① メモ帳を起動します。〔スタート〕画面のアプリ一覧から［アクセサリ］の［メモ帳］を選択します。〔スタート〕画面の検索ボタンから「メモ帳」または「notepad」で検索も可能です。

② メモ帳に、サンプルソースコードを入力します。
　〔書式(o)〕-〔右端で折り返す(w)〕にチェックをつけておきましょう。入力しやすくなります。

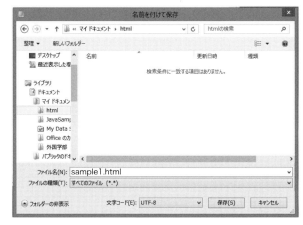

図2-1-3　HTMLファイルの保存

③ ソースコードが正しく入力されているか確認します。

④〔ファイル〕-〔名前を付けて保存〕をクリックします。
⑤〔名前を付けて保存〕ダイアログボックスが表示されるので、次のように指定します。
　・〈保存する場所〉からフォルダー html を選びます。
　・〈ファイル名〉に、sample1.html と入力します。（注）
　　拡張子は html を使用します。
　・〈ファイルの種類〉は、すべてのファイル(*.*)を選択します。
　・〈文字コード〉は、UTF-8 に変更します。

（注）フォルダー名、ファイル名は、半角英数字、ハイフン(-)、アンダスコア(_)を使用できますが、日本語や全角文字は避けましょう。

　　　　タスクバーにメモ帳をピン留め

　スタート画面で右クリックし、画面の下部の〔すべてのアプリ〕をクリックします。メモ帳上でさらに右クリックし、〔タスクバーにピン留めする〕を選択し、設定しておくと便利に使えます。また、「スタート画面にピン留めする」を選択すると、スタート画面にメモ帳が追加されます。

3)ブラウザで開く

①保存した sample1.html ファイルを直接ダブルクリックすることで、ブラウザが開き確認することができます。
②「ブラウザ」は、Internet Explorer を例として説明しますが、ブラウザは Google Chrome、Safari などでもかまいません。ただし、表示結果がすこし違ってくる場合があります。
③ブラウザで次のことを確認しましょう。
　・<title> と </title> で囲まれた文字「基本」がブラウザのタイトル部分に表示されているか。
　・<body> と </body> で囲まれた文字「Web プログラミングを開始します。」から始まる3行がブラウザの画面に表示されているか。入力ミスがあると正しく表示されません。その場合はメモ帳に記述したソースコードを確認し、修正して上書き保存します。

4)ソースコードの修正

　修正が必要な場合には、白紙のメモ帳を開き、html ファイルをドラッグすることでソースを表示することができます。メモ帳でソースコードを修正したら、上書き保存した後、ブラウザ画面の ⟳〔最新の情報に更新〕ボタンをクリックして、ブラウザ画面を更新して再度結果を確認しましょう。なお、ブラウザ画面の更新は、ブラウザ上で F5 キーを押しても同じです。メニューの〔表示〕-〔ソース〕をクリックすると、ソースを確認することはできますが、修正はできません。

 **ファイルの拡張子を表示する**

　ファイルには拡張子がありますが、初期設定では表示されていません。ファイルの拡張子を表示する方法を確認しましょう。
　Windows8/8.1 の場合、デスクトップ画面の下部のフォルダーのアイコンから、エクスプローラーを開き、〔表示〕リボン内の〔表示 / 非表示〕の〔ファイル名拡張子〕にチェックを入れます。

2-1-3　HTML 要素とプログラミング

　ソースコードを記述して HTML ファイルを作成する方法を学習しました。次にソースコードとして記述した要素について説明します。

1) DOCTYPE 部

　doctype 部では、DTD（文書型定義）を定義します。HTML5 における doctype は以下のように記述します。

　書き方：<!DOCTYPE html>
　意　味：HTML5 の DOCTYPE 宣言です。

　以前の HTML4.1 に準拠した記述と比較すると短いものになりましたが、記述することで既存のブラウザの表示モードを「標準モード」にします。これを書かないとブラウザの表示モードは、「互換モード」になり HTML や CSS が正しく表示されないことがあります。

2) HTML 部

① HTML 要素

　書き方：<html> コンテント </html>
　意　味：ドキュメントが HTML で記述されていることを定義します。「属性」に lang="ja" を使い日本語を使用言語に指定します。

　例：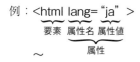
　　　</html>

3) ヘッダー部

① HEAD 要素

　書き方：<head> コンテント </head>
　意　味：ドキュメント全体に関する情報を定義します。

② META 要素

書き方：\<meta\>

意　味：ドキュメントに使用する言語、文字コードなどの内部情報を記述します。meta 要素とともに用いる属性は多数存在します。ここではその一例を紹介します。meta 要素は終了タグのない**空要素**です。

記　述：\<meta charset="UTF-8"\>

HTML を用い、文字コードに UTF-8 を使用することを明示しています。

\<meta name="description" content="説明文"\>

Web ページの説明（description）を指定します。

\<meta name="keywords" content="キーワード１,キーワード２,…"\>

検索エンジン向けに Web ページの内容を示すキーワードを指定します。

③ TITLE 要素

書き方：\<title\> コンテント \</title\>

意　味：文書のタイトルを示すためにヘッダ内に１つ記述します。

例：\<head\>

\<title\> サンプル \</title\>

\</head\>

4) ボディ部

① BODY 要素

書き方：\<body\> コンテント \</body\>

意　味：ブラウザの表示部に表示される内容を body 要素の中に記述します。

p は段落、br は改行を表します。p 要素、br 要素については、2-2 節で詳しく解説します。

ONE POINT ▶ ショートカットキー

タグである＜コマンド＞の入力などで、ショートカットキーを利用すると大変便利です。
基本的なショートカットキーを覚えましょう。例えば、コピーするには、
①選んだ範囲（反転表示された中）で、Ctrlキーを押しながら、Cキーを押すと、コピーされます。
②貼り付けたい場所で、Ctrlキーを押しながら、Vキーを押すと、そのイメージが貼り付けられます。

CTRL+C	コピー	CTRL+S	上書き保存
CTRL+X	切り取り	CTRL+N	新規作成
CTRL+V	貼り付け	CTRL+Z	元に戻す

2-1-4 練習問題

練習問題 1-1：HTML ファイルの保存（ファイル名：ex11.html）

図 2-1-4 メモ帳に記載された HTML ソースコードから Web ページを作成しなさい。sample1.html を開き、修正しましょう。

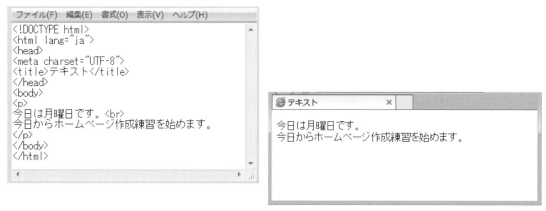

図 2-1-4　メモ帳と Web ページ

ONE POINT ▶ 文字コードと文字化け

　メモ帳で HTML 文書を保存するときに文字コードを指定しましたね。本書では HTML5 で推奨されている「UTF-8」を指定していますが、文字コードの種類は「UTF-8」「Shift_JIS」「EUC-JP」などがあります。文字コードの指定はソースコード内に meta 要素を使い記述しますが、メモ帳での保存時にも文字コードを指定して保存しなければなりません（2-1-2 項　図 2-1-3 参照）。正しい文字コードで保存しないと文字化けを起こします。

　メモ帳の文字コードの選択肢は ANSI、Unicode、UTF-8 などがありますが、Shift_JIS で保存する場合は ANSI を指定します。

2-2 ◆ 見出し文字

2-2-1 見出し文字と段落　例題2（ファイル名：sample2.html）

　Webページに文字（テキスト）や文章を表示する方法を学びましょう。メモ帳などのテキストエディタでソースコードを作成し、ブラウザで確認しましょう。すでに作成したsample1.htmlを開き、修正しましょう。

図2-2-1　見出し文字と段落

ONE POINT ▶ 文字の参照

　タグに用いられている記号（＜　＞　＆　など）や特殊な記号文字などは、タグの一部と解釈されます。これらの文字や記号をブラウザに表示させるためには文字参照として指定します。
　例として、＜　は　<　、＞　は　>　、＆　は　&　です。ltはless than、gtはgreater than、ampはampersandの意味です。

説明(注)

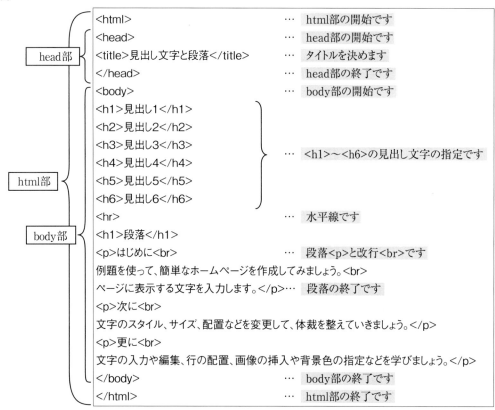

1) 見出し文字

書き方：<h1> ～ </h1>　　<h2> ～ </h2>　　<h3> ～ </h3>
　　　　<h4> ～ </h4>　　<h5> ～ </h5>　　<h6> ～ </h6>

意　味：h は heading(見出し)の意味です。それぞれの開始タグ～終了タグの間には、コンテンツ(内
　　　　容)を書きます。h1 から h6 の各要素は見出し文字を指定します。

　ブロック単位の要素ですから、この開始タグと終了タグで囲まれた文字は太字になり、文字の前後で改行されます。

　h1 要素が最大の大きさで、順次小さい文字になり、h6 要素が最小です。

　h 要素は、文字の大きさを指定するのではなく、大見出し、中見出し、小見出しのように見出しの重要度により使い分けます。文字に色を付ける等のデザインはスタイルシート(第3章)で指定します。

(注) 本書では例題2からは、<!DOCTYPE html>、<meta charset="UTF-8"> は省略して掲載しています。
また、<html lang="ja"> は <html> と記述しています。例題や練習問題を演習する場合は、これらを記述するのが望ましい方法ですが、本書では説明の関係上省略しています。

2) 水平線

書き方：<hr>

意　味：hr 要素は、水平線 (horizontal rule) を指定します。文章を区切るための線ですから、区切り線とも呼びます。hr 要素に終了タグはありません。このような形を空要素と呼びます。

3) 段落

書き方：<p> 〜 </p>

意　味：p 要素は、段落 (paragraph) を指定します。ブロック単位で動く要素ですから、段落の前後に 1 行分の空白行（スペース行）が作られます。

4) 改行

書き方：

意　味：br 要素は、break の意味で必要な場所で文章を改行 (line break) させます。br 要素も終了タグはないので空要素です。

　例題 2 では、段落として扱う文章を、開始タグ <p> と終了タグ </p> の間に入れて、段落の中で必要な個所で改行
 しています。

<p> はじめに
例題を使って、簡単な Web ページを作成してみましょう。
ページに表示する文字を入力します。</p>

5) 範囲

書き方：<div> 〜 </div>（注）

意　味：div 要素は、コンテント（内容）をブロック (division) として扱います。div 要素はブロック要素ですから、開始タグ <div> と終了タグ </div> で囲まれた内容はブロックとして扱われます。そのためブロックの前後は改行されますが、p 要素のように 1 行分改行されることはありません。

　div 要素は、文章だけではなく、複数のタグをまとめて扱う時によく使われ、特に意味を持ちません。class 属性とともに使用されることが多いです。詳しくは第 3 章スタイルシートで学びます。

（注）div 要素については、練習問題 2-3（ex23.html）で練習しましょう。

書き方：<span> 〜 </span>

意　味：span 要素も、div 要素同様、範囲を区切るために使います。span 要素はインライン単位の要素なので、一部の文字例にスタイルシートを適用したりする場合に用います。

ONE POINT ▶ ブロック要素とインライン要素

　以前のHTMLでは、body要素の中で使われる多くの要素は、「ブロック要素」と「インライン要素」に分けて理解してきましたが、HTML5の仕様ではこのような分類はなくなりました。しかしHTMLのタグを理解する上で重要な考え方なので、以下のように掲載しておきます。

ブロック単位の要素
　ブロック単位の要素は、情報をウィンドウ幅に表示し、1つのまとまりとして扱うので、自動的に改行されます。ブロック要素のコンテンツには、別のブロック要素やインライン要素を含むことができます。しかし、インライン要素の中にブロック要素を記述することはできません。ブロック単位で動く要素は、次のとおりです。
<address> <blockquote> <div> <form> <h1>-<h6> <hr> <aside> <article> <footer> <header> <main> <main> <nav> <section>

インライン単位の要素
　インライン要素は、主としてブロック要素の内容として用いられ、ブロック要素内の特定の部分に役割や機能を持たせる要素です。ブロック要素を含むことはできません。インライン単位で動く要素は、次のとおりです。
<a> <b>
 <button> <em> <i> <img> <input> <script> <select> <small> <span> <strike> <strong> <sub> <sup> <textarea> <tt> <u> <var>

2-2-2　練習問題

練習問題2-1：見出し文字（ファイル名：ex21.html）

　見出し文字であるh1要素からh6要素までを組み合わせて、見出し文字の大きさを確認しましょう。次の条件で作ってみましょう。

・h1要素：第1章 Webプログラミング
・h2要素：webとは　HTMLとは　CSSとは　JavaScriptとは
・h3要素：その他のテキスト

(注) h要素は、単に文字サイズを変更するために使用するのは好ましくありません。HTMLは、Webの構造を指定するので、見出しの重要度により指定します。デザイン上、サイズを指定する場合は、スタイルシート(第3章)を利用します。

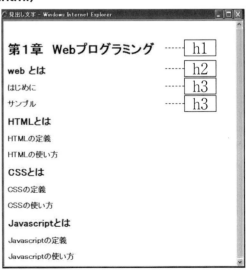

図2-2-2　見出し文字

練習問題 2-2：段落（ファイル名：ex22.html）

p 要素を使い、段落の作り方と意味を確認しましょう。また、段落の前後で 1 行分の空白行が作られることを確認しましょう。br 要素を使い、段落の中で必要な改行をしましょう。

上と下の文章を、それぞれ p 要素で囲み
 で改行しています。

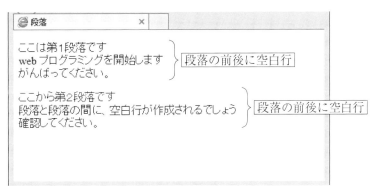

図 2-2-3 段落

練習問題 2-3：ブロック（ファイル名：ex23.html）

div 要素を使い、ブロック (division) の意味を確認しましょう。ブロック化したい文章を <div> ～ </div> で囲んで使います。（注）

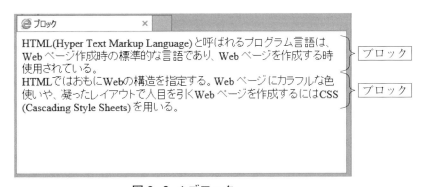

図 2-2-4 ブロック

（注）練習問題 2-3 では、ブロック中に改行
 を入れていません。図 2-2-4 の文章は改行されているように見えますが、実際にはブラウザ画面の幅に従っているのです。そのため、ブラウザの大きさを広げたり縮小したりすると、文章の折り返される場所が変わります。

 Web ページの改行やインデント

　HTML 文書をブラウザで表示すると、ソースコード上の改行やインデントは無視されます。改行をしたいときは、
 を書く必要があります。

　また、ソースコードを見やすくするために、インデントして入力する場合もよくあります。この場合は Space キーではなく、Tab キーを使います。

2-3 ◆ リスト

2-3-1　リスト　例題3（ファイル名：sample3.html）

　Webページではリストが良く使われます。リストを表示するソースコードを作成しましょう。
レポートや説明書には、先頭にマークや番号を付けた「箇条書き」が良く見られます。これをリスト(list)と言います。HTMLでは、リストを扱うことができます。

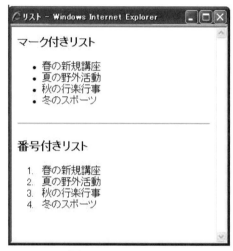

図2-3-1　リスト

説明
1) マーク付きのリスト

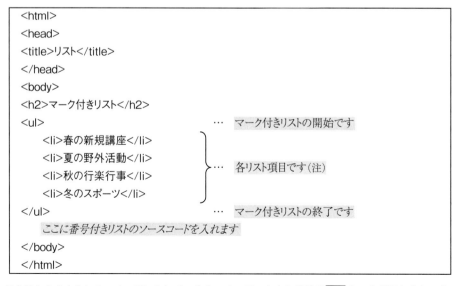

(注) コードを見やすくするため、インデントしています。インデントする箇所は Tab キーを利用しましょう。

①マーク付きリスト

書き方：<ul> 〜 </ul>

意　味：ul 要素は、マーク付きリストの開始と終了を表わします。

　ul とは unordered list（順番が付かない）の略です。ほとんどのブラウザでは、先頭に•のマークが付いたリストが形成されます。前後に空白行が作られ、各リスト項目はディスプレイ（画面）上ではインデント（字下げ）して表示されます。いろいろな種類のマークを指定できますが、これはスタイルシート（3章）で指定します。

②リスト項目

書き方：<li> 〜 </li>

意　味：li 要素は、リストの一つ一つの項目（list item）を指定します。

　それぞれの項目の内容（コンテント）は、開始タグ <li> から終了タグ </li> の間に入れます。次にそれらの項目を開始タグ <ul> と終了タグ </ul> の間に挟みます。書き方としては、この例題のように <li> 〜 </li> を <ul> 〜 </ul> に対し、少しインデントすると分り易くなりますね。

```
─ ul 要素 ─
  li 要素
  li 要素
  li 要素
```

2）番号付きリスト

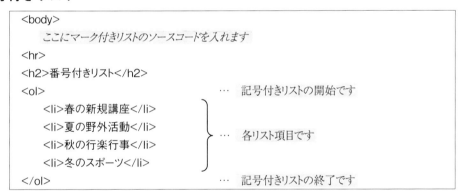

①番号付きリスト

書き方：<ol> 〜 </ol>

意　味：ol 要素は、番号付きリストの開始と終了を表わします。

　ol とは ordered list（順番が付く）の略です。1 から始まる数字が各項目の先頭に表示されます。前後に空白行が作られ、各リスト項目は、ディスプレイ（画面）上ではインデントして表示されるのはマーク付きリストと同じです。いろいろな種類の番号を指定できますが、これはスタイルシート（3章）で指定します。

```
─ ol 要素 ─
  li 要素
  li 要素
  li 要素
```

②リスト項目

書き方：<li> 〜 </li>

意　味：li 要素は、リストの一つ一つの項目を指定します。マーク付きリストと同じです。

　それぞれの項目の内容は、開始タグ <li> から終了タグ </li> の間に入れます。次にそれらの項目

を開始タグ <ol> と終了タグ </ol> の間に挟みます。書き方としては、<li>〜</li> を <ol>〜</ol> に対して、インデントすると分り易くなります。

2-3-2 練習問題

練習問題 3-1：リスト（ファイル名：ex31.html）

マーク付きリストと番号付きリストを作成してみましょう。

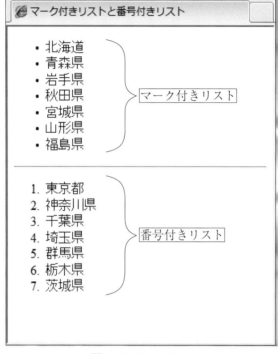

図 2-3-2　リスト

練習問題 3-2：リストの入れ子（ファイル名：ex32.html）

　リストの中にリストが入っている次のような形を、ネスト（nest：入れ子）と呼びます。ネストの指定の方法は、<ul> ～ </ul> の中に、もう一つの <ul> ～ </ul> が入っている形になります。同様に <ol> ～ </ol> の中に、もう一つの <ol> ～ </ol> が入っている形になります。この練習問題では ul 要素の例を示します。

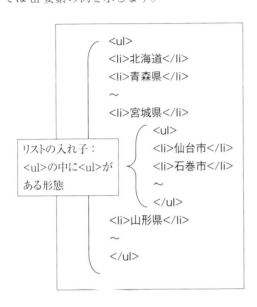
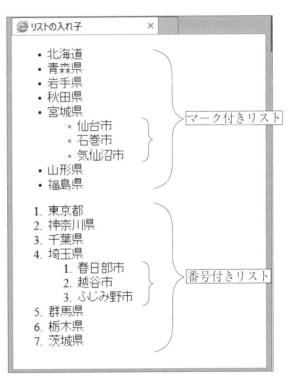

図 2-3-3　リスト

ONE POINT ▶ copyright（著作権）

総合練習問題 1 の index.html の最終行に、「copyright (C) 2012- 散歩 girl, All rights reserved.」の文字があります。
① copyright とは英語で著作権のことです。(C) は © のことで、copyright の略記号です。
②初版が 2012 年で、散歩 girl が著作者です。
③「All rights reserved.」は「すべての権利は著作者が持っています」という意味になります。
④ 2012-2016 とあれば、初版が 2012 年、最終更新が 2016 年という意味になります。
これは、文字が少し小さくなっていますね。ソースコードは次のようになっています。
　　<p><small>copyright (C) 2012- 散歩 girl, All rights reserved.</small></p>
html5 では、<small> ～ </small> タグは、免責・警告・法的規制・著作権・ライセンス要件などの注釈や細目を表す時に使用します。

総合練習問題1：（フォルダー名：basic）

次のWebページを作成しましょう。
① basicというフォルダーを作成し、その中にindex.htmlという名前で保存してください。
② 同様に、bridge.html　tower.htmlを作成し、同じフォルダーbasicの中に入れて保存しましょう。

ファイル名：index.html

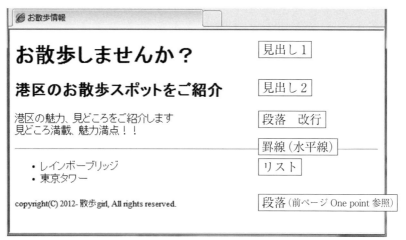

ファイル名：bridge.html

ファイル名：tower.html

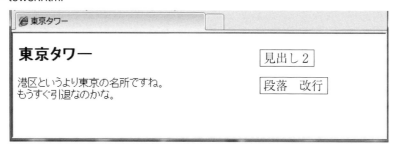

図2-3-4　総合練習問題1

2-4 ◆ テーブル

2-4-1　テーブル　例題 4（ファイル名：sample4.html）

　これまでの例題と練習問題を通して、WebページがHTMLによって作られていることが理解できたと思います。ここでは、テーブルの作成を学びましょう。次のソースコードを作成し、表(table：テーブル)の作り方を理解しましょう。インデントはTabキーを使用します。

図 2-4-1　テーブル

説明

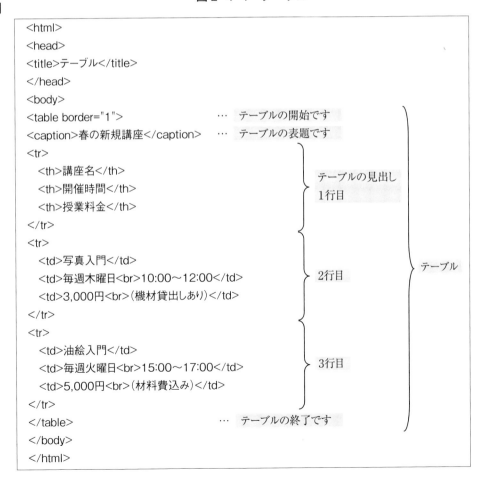

1）テーブルの構成

まず、この例題4でテーブルの構造を考えてみましょう。ここでは3行3列のテーブルを作っています。行とは横方向の並びです。列とは縦方向の並びです。交わったところがセル（cell）です。セルには文字や数字や画像が入ります。cellの意味は、細胞とか小部屋という意味です。

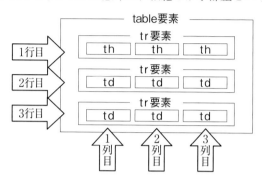

table要素は、表（table：テーブル）を定義するブロック要素です。table要素にth要素やtr要素が入ります。

2）テーブルの作成

①まず、table要素でテーブルであることを宣言します。
　・開始タグ <table> の border 属性で枠線を指定します。
　・また、<table> の直後に、表題を作る caption 要素を指定することもあります。
②次に、tr要素で行を作ります。
　・必要とする行だけの tr 要素を作ります。
③次に、td要素で1つ1つのセルを指定します。
　・セルは実際にデータ（文字、数字、画像）などが入る場所です。
　・必要とするデータ数だけの td 要素を作ります。その数だけの列ができます。
　・また、th 要素を指定すると、テーブルの見出しを作ることもできます。
④各行の列の数（th要素やtd要素の数）を同数にしておきます。
　・同数でないと、テーブルの形が崩れます。

3）テーブルの宣言

書き方：<table border="ピクセル数"> ～ </table>
意　味：テーブルを作成することを宣言します。

　開始タグ <table> の中に border="ピクセル数" という属性を加えると、罫線の太さ（外枠の太さ）を指定できます。枠（border）を指定しないと枠線は意図した通りに表示されません。あえて枠を表示しないテーブルを作成することもあります。border を属性名と呼び、"ピクセル数" を属性値と呼びます。

```
<table border="1">  …  テーブルの枠（border）の太さが1px（ピクセル）となります。
<table border="0">  …  この場合は、枠が表示されません。
```

4)テーブルの表題

書き方:<caption> ~ </caption>

意　味:caption 要素は、テーブルに表題を付ける要素です。

　table 要素に 1 つだけ指定できますが、その場合は開始タグである <table> の直後の行に指定しなければなりません。caption 要素は省略することもできます。

5)テーブルの見出し

書き方:<th> ~ </th>

意　味:th 要素は、テーブルの中の見出しのセルを定義します。th は table header の略です。
　th 要素で指定したセルは、文字(テキスト)が太字になり、かつ中央揃えになります。

6)テーブルの行

書き方:<tr> ~ </tr>

意　味:tr 要素は、テーブルの行を定義します。

　通常この要素の中に <td> ~ </td> が含まれます。この tr 要素を繰り返すと、その数だけの行が作られます。tr は、table row(行)を意味します。tr 要素は、table 要素の子要素です。

7)テーブルのセル

書き方:<td> ~ </td>

意　味:td 要素は、テーブルの中のセルを定義します。それぞれのセルの中にいろいろな情報を入れます。td 要素を繰り返すと、その数だけのセルが作られます。td は、table data(データ)を意味します。td 要素で指定した文字(テキスト)は、左揃えになります。

　また、td 要素は、tr 要素の子要素です。複数の tr 要素(行)がある場合は、それぞれの tr 内にある td 要素(列)の数を一致させるのが原則です。

　図 2-4-2 は、tr 要素と td 要素だけを使ったシンプルな表です。

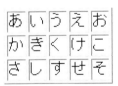

図 2-4-2　テーブルの基本

2-4-2 セルの結合

1) 行方向のセルの結合

書き方：<td rowspan="n">

意　味：隣接するセルをn行（縦方向になる）結合。
下に向かって指定した数だけセルを結合します。

- row（行）span（広げる）を意味します。
- このテーブルは、図2-4-2（テーブルの基本）のテーブルと比較すると、"い" が、2行に渡って（縦方向に）広がっています。
- そのため、2行2列目の "き" は指定しません。

```
<tr>
<td>あ</td>
<td rowspan="2">い</td>   …2行の
<td>う</td>                セルの結合
<td>え</td>
<td>お</td>
</tr>
<tr>
<td>か</td>
<td>く</td>
<td>け</td>
<td>こ</td>
</tr>
～
```

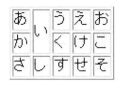

図2-4-3　行方向のセルの結合

2) 列方向のセルの結合

書き方：<td colspan="n">

意　味：隣接するセルをn列（横方向になる）結合。
横に向かって指定した数だけセルを結合します。

- col（列）span（広げる）を意味します。
- このテーブルは、図2-4-2（基本のテーブル）のテーブルと比較すると、"き" が、3列に渡って（横方向に）広がっています。
- そのため、2行3列目の "く" と2行4列目の "け" は指定しません。

```
<tr>
<td>あ</td>
<td>い</td>
<td>う</td>
<td>え</td>
<td>お</td>
</tr>
<tr>
<td>か</td>
<td colspan="3">き</td>   … 3列の
<td>こ</td>                 セルの結合
</tr>
～
```

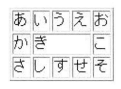

図2-4-4　列方向のセルの結合

2-4-3 練習問題

練習問題4-1：テーブルの作成1（ファイル名：ex41.html）

次のような4行3列のテーブルを作ってみましょう。

・caption要素で"施設ガイド"を指定します。
・テーブルの枠は、5px（ピクセル）に指定しましょう。

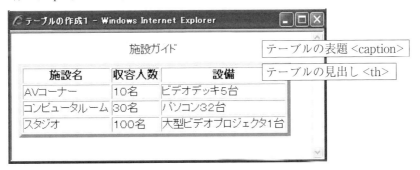

図2-4-5　テーブルの作成1

練習問題4-2　テーブルの作成2（ファイル名：ex42.html）

次のような5行2列のテーブルを作ってみましょう。

・caption要素で"講座総合案内"を指定します。セルの中で必要な場所で、
で改行します。
・テーブルの枠は、5px（ピクセル）に指定しましょう。

図2-4-6　テーブルの作成2

練習問題 4-3：行方向のセルの結合（ファイル名：ex43.html）

隣接するセルを2行（縦方向になる）結合しましょう。
- <td rowspan="2"> を指定してみましょう。
- 行方向の結合の意味を確認して、行と列を混同しないようにしましょう。
- 2-4-2項を参考にしてください。

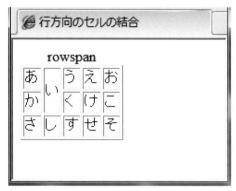

図 2-4-7　行方向のセルの結合

練習問題 4-4：列方向のセルの結合（ファイル名：ex44.html）

隣接するセルを3列（横方向になる）結合しましょう。
- <td colspan="3"> を指定してみましょう。
- 列方向の結合の意味を確認して、行と列をしっかり理解しましょう。
- 2-4-2項を参考にしてください。

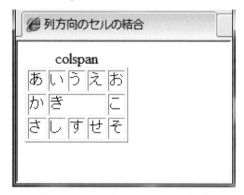

図 2-4-8　列方向のセルの結合

総合練習問題2：テーブル（ファイル名：schedule.html、フォルダー名：basic）

文字、リスト、テーブルの総合練習をしましょう。作成したファイルは、basic フォルダー（2-3節「総合練習問題1」で作成）に保存してください。

ファイル名：schedule.html

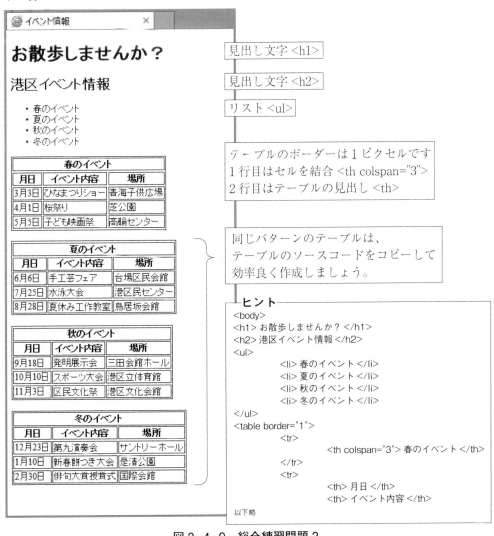

図2-4-9 総合練習問題2

2-5 ◆ 画像

2-5-1　画像　例題5（ファイル名：sample5.html）

　Webページに画像を表示する方法を学びましょう。画像を表示すると、Webページらしくなってきますね。使用する画像は、imageフォルダーを作成し、その中に保存しておきます。

図2-5-1　画像

説明

```
<html>
<head>
<title>画像</title>
</head>
<body>
<h2>ヨーロッパの街角です</h2>
<p>
<img src="image/orange-bus.jpg" alt="オレンジ色のバスは、ヨーロッパの街中でよく見かけます。">
</p>
</body>
</html>
```

imageフォルダ内にあるorange-bus.jpgを指定します

1）画像の配置

書き方：<img src="画像ファイル名" alt="代替テキスト" width="画像の幅" height="画像の高さ">
　　　　属性と属性の間は半角の1スペース空けることに注意してください。
意　味：img要素は、Webページに画像を配置し表示します。終了タグのない空要素です。

① src属性の属性値（画像ファイル名）には、表示したい画像がソースコードと同じフォルダーに入っているならば、そのまま画像ファイル名を指定します。画像が別フォルダーに保存してある場合、そのパスを指定します。パスとは、画像ファイルの場所を基準となるファイルからみての場所ということです。例えば、
　・画像がソースコードと同じフォルダー（htmlフォルダー）に入っている場合は、
　　<img src="orange-bus.jpg">
　・画像が別フォルダー（例えばimageというフォルダー）に入っている場合は、
　　<img src="image/orange-bus.jpg">
　src属性は、img要素の必須属性です。

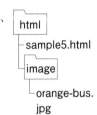

② alt属性は、画像が何らかの理由で表示されなかった場合に備えた代替テキストを記述します。altは、alternateの略で、alternate textは代替テキストの意味です。また、alt属性は音声ブラウザに対応しています。音声ブラウザとは、Webページの情報を音声で読み上げるためのソフトウェアです。「本文の文章と画像のalt属性に記述された文章（あるいは音声）」により、Webページ全体の内容が伝わるようにすることがalt属性の役割の一つです。

③ width属性は、画像の幅を表します。ピクセル値（またはパーセント値）で指定します。例えば、width="64"とすれば、画像の幅は64ピクセルとなります。

④ height属性は、画像の高さを表します。ピクセル値（またはパーセント値）で指定します。例えば、height="32"とすれば、画像の高さは32ピクセルとなります。

⑤ width属性もheight属性も指定しなかった場合は、オリジナルの画像がそのまま配置されます。逆に、サイズを変更したいが縦横比を変更したくない場合はwidth属性あるいはheight属性のどちらかを指定します。すると、自動的に縦横比を固定して拡大（縮小）が行われます。ただし、ファイルの容量が変わるわけではありません。

2) 画像のファイル形式

Webページで扱うことができる画像形式です。

GIF（ジフ）形式（拡張子　.gif） Graphics Interchange Format	・8ビットカラー（256色）までの画像を扱える可逆圧縮ファイル形式です。 ・イラストやロゴやボタンは色数が少ないので、このファイル形式に適しています。 ・アニメーションの形式があります。 ・画像を透過させる機能も持っています。
JPEG（ジェイペグ）形式 （拡張子　.jpg　.jpeg） Joint Photographic Experts Group	・24ビットカラー（約1,677万色）までの画像を扱える非可逆圧縮ファイルで、圧縮率が高いファイル形式です。 ・また高解像度なので、写真イメージの圧縮ファイル形式として多用されています。デジタルカメラの多くはこのファイル形式です。
PNG（ピング）形式（拡張子　.png） Portable Network Graphic	・8ビットカラーと24ビットカラーを扱う2つの規格を持ち、可逆圧縮ファイルで、高い圧縮率のファイル形式です。 ・GIF形式の代替として提唱され、高画質なので支持されているファイル形式です。

（注）BMP（ビットマップ）形式（拡張子 .bmp）はWindowsの標準の形式ですが、Webページには利用できません。

3) 画像のピクセル（画素）

①イメージ（画像や写真）を非常に細かな正方形の格子状に分割した時、この正方形の格子の1つ1つをピクセル(pixel)あるいは画素と呼びます。ピクセルはデジタル画像の最小単位になります。

②また、ピクセルとはコンピュータの画面に表示されるドット（点）を数えるときに使う単位でもあります。ピクセルには、色や色深度の情報が含まれます。モニタの解像度が800×600ピクセルなら、そこに表示される画面は48万ピクセルということになります。デジタルカメラの画素と同じ意味です。

4) 画像の解像度

Webページを作成する際、スキャナーでとった写真などの画像を利用する場合がありますね。スキャナの解像度は、ディスプレイ（表示画面）の表示領域や、プリンターの印刷のきめ細かさをあらわす値として使われています。Webページで利用する場合の解像度は、だいたい72～192dpi (dots per inch) 程度にし、データの大きさに気をつけてスキャンするようにしましょう。

デジタルカメラで撮影した写真も解像度が高いので、使用する画像のサイズに合わせて解像度を下げて画像ファイルの大きさ(容量)を小さく加工する必要があります。（One point 参照）

つまり、HTMLで画像の幅(width)や高さ(height)を小さく指定しても使用する画像のファイルサイズが変わるわけではありません。高い解像度の画像を多用すると、ファイルの容量が大きくなってしまうので、注意が必要です。

写真のサイズ変更（解像度を下げる）

1. flower.jpg ファイルを使用して解説します。（同友館サイトよりダウンロードできます）
   654KBの大きさの画像です。ファイルのプロパティで確認しましょう。確認方法は、そのファイル上で〈右クリック〉-〈ショートカットメニュー〉-〈プロパティ〉を選びます。
2. 〈スタート〉画面からペイントを開きましょう。
   ［ホーム］-［サイズ変更］をクリックして、〈サイズ変更と傾斜〉ダイアログを開きます。単位をピクセルに変更すると、この画像の現在のピクセル数が表示されます。

3. 水平方向のピクセル数のみを400に変更します。〈縦横比を維持する〉にチェックがついているので、垂直方向のピクセル数は、自動的に変更されます。ファイル名を「flower2.jpg」とし保存しましょう。ファイルのプロパティでファイルサイズを確認しましょう。

2-5-2 練習問題

練習問題 5-1：画像サイズの変更 1（ファイル名：ex51.html）

今まで学んできたことを利用して、画像を表示するソースコードを作成しましょう。

① 1 段目は左右の画像とも、
　・幅のみ 150 ピクセルに指定します。
② 2 段目は左右の画像とも、
　・高さのみ 200 ピクセルに指定します。
③ 画像のサイズを変更する際、縦と横の比率を変更したくない場合は、
　・width 属性あるいは height 属性のどちらかを指定します。そうすれば、自動的に縦横比を変えずに拡大（縮小）が行われます。
④ 3 段目の画像を、幅 100 ピクセルと高さ 300 ピクセルに指定してみましょう。
⑤ 4 段目の画像を、幅 300 ピクセルと高さ 100 ピクセルに指定してみましょう。

これらの画像のように、width 属性と height 属性の両方を指定すると画像が歪みますが、かえって面白い画像になるときもあります。

図 2-5-2　画像のサイズ変更 1

練習問題 5-2：テーブルの中の画像（ファイル名：ex52.html）

テーブルの中に、画像を入れることもできます。

① 2つの画像を、それぞれのセルに入れてみましょう。border 属性は適宜設定してください。

②「ヨーロッパの街角です」を、表題（caption 要素）としましょう。

③ 1行目には th 要素を使い、セルの結合 colspan="2" を使いましょう。

図 2-5-3　画像のサイズ変更 2

練習問題 5-3：リストと画像（ファイル名：ex53.html）

今まで学んできたことを利用して、画像やリストのソースコードを作成しましょう。この例に捉われず、デザインは自由に変更して構いません。

① 完成図を参考にして、h1、h2、h3 を指定しましょう。

②「春は、習い事を〜開催決定　詳細はここをクリック」は、幾つかの<p>〜</p>を使ってください。

③「春の新規講座」〜「申し込み方法」は、マーク付きリストを使用してください。

④ 使用している画像は、同友館サイトから入手できます。

・ファイル名：computer.gif
　画像の属性：width="80" height="62" alt="4月3日開講です" border="0"

・ファイル名：blackboard.gif
　画像の属性：width="300" height="183" alt="生涯学習を開始します" border="0"

図 2-5-4　リストと画像

総合練習問題3：画像

2-3節「総合練習問題1」で作成したWebページを更新してみましょう。

①「basic」フォルダーの中に「image」フォルダーを作り、必要な画像（main_photo.jpg bridge1.jpg tower1.jpg）を保存します。

②総合練習問題1で既に作成した「index.html」を開き、以下のように画像を入れてみましょう。

③同様に、「bridge.html」「tower.html」にも画像を挿入しましょう。

④画像を入れたファイルは上書き保存します。

ファイル名：index.html（上書き保存）

ファイル名：bridge.html （上書き保存）

ファイル名：tower.html （上書き保存）

図2-5-5　総合練習問題3

2-6 ◆ リンク

2-6-1　リンク　例題6（ファイル名：index.html、sample4.html、ex41.html、ex42.html　フォルダー名：sample6）

次のファイルを利用しお互いを関連付けることで、リンクの意味を理解しましょう。

1) 既に作成済みのファイルを再利用します。「sample6」というフォルダーを作り、必要なファイルをコピーしましょう。

①練習問題5-3（ファイル名：ex53.html → index.html）
　・「sample6」フォルダー内に ex53.html をコピーし、ファイル名を index.html に変更します。
　・同様に画像ファイル computer.gif と blackboard.gif も image フォルダーごとコピーします。

②例題4（ファイル名：sample4.html）
　・「sample6」フォルダー内に sample4.html をコピーします。ファイル名は変更しません。

③練習問題4-2（ファイル名：ex42.html）、練習問題4-1（ファイル名：ex41.html）
　・同様に「sample6」フォルダー内に ex42.html と ex41.html をコピーします。

2) index.html の「春の新規講座」に sample4.html へのリンクをつけましょう。

　同様に「講座総合案内」は ex42.html に、「施設ガイド」は ex41.html にリンクをつけます。

3) さらに図をみて、それぞれのページに「戻る」を追加して、index.html へのリンクをつけましょう。

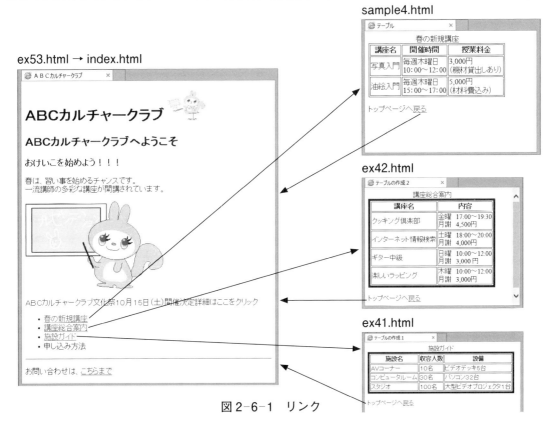

図2-6-1　リンク

説明

1) index.html のソースコード（ex53.html をコピーして、名前を index.html に変更）

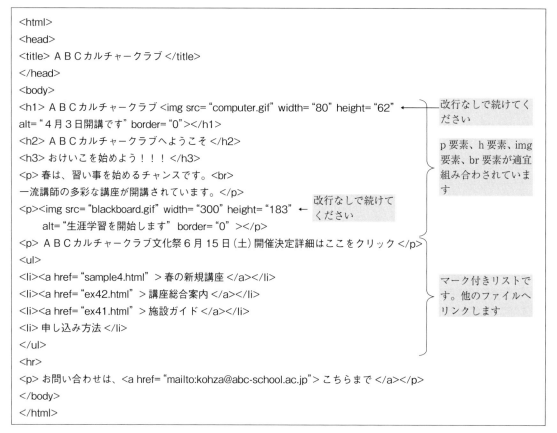

2) sample4.html、ex41.html、ex42.html のソースコード

```
<p> トップページへ <a href="index.html"> 戻る </a></p>   … 他のファイルへリンクします
```

2-6-2　リンクの種類

リンク(link)には、ページ間リンクとページ内リンクがあります。
・ページ間リンクは、2つ以上のWebページの間にリンクを張ることです。
・ページ内リンクは、同じWebページ内にある特定の場所へリンクを張ることです。

1) ページ間リンク

書き方：<a href="リンク先のURL"> リンク文字列 </a>

意　味：a要素である開始タグ<a>と終了タグ</a>で囲まれた「文字（テキスト）や画像」にリンクを適用することができます。リンクには"リンク先のURL"に何を指定するかによって、絶対パスと相対パスがあります（One point参照）。

この例題6では、「春の新規講座」「講座総合案内」「施設ガイド」にリンクを付けています。ページ間リンクを相対パスで指定しています。

```
<li><a href="sample4.html"> 春の新規講座 </a></li>
<li><a href="ex42.html"> 講座総合案内 </a></li>
<li><a href="ex41.html"> 施設ガイド </a></li>
```

次に、sample4.html と ex42.html と ex41.html の末尾の「戻る」に、index.html へのリンクを設定しましょう。「トップページへ戻る」の「戻る」の部分に、リンクが付きますね。

```
<p>トップページへ <a href="index.html"> 戻る </a></p>
```

ONE POINT ▶ 絶対パスの例、相対パスの例

パスとは、ファイルが存在する場所のことです。パスには絶対パスと相対パスがあります。

絶対パスの例

他のサイトのページを直接指定する場合です。

<a href="http://www.yahoo.co.jp/index.html">Yahoo!JAPAN</a>

<a href="http://www.doyukan.co.jp/index.html"> 同友館 </a>

相対パスの例

自分の Web ページ内にあるファイルにリンクする場合です。

<a href="sample4.html"> 春の新規講座 </a>

<a href="folder/index.html"> トップページへ </a>

　上記は、フォルダー名"folder"の中にトップページの index.html がある場合

<a href="../index.html">

　上記は、基準となるファイルからみて1つ上のフォルダーを指定しています。

---

2) ページ内リンク

ページ内リンクは練習問題6-3で練習します。ただし、説明はここで行いますので、練習問題6-3を解きながら確認してください。

書き方：<a id="ID 名"> リンク文字列 </a>

意　味：アンカーポイントの位置を指定します。

　移動先の場所(この練習では"総合案内")を <a id="pagetop"> というキーワードを付けて、アンカーポイントであることを示します。

書き方：<a href="#ID 名"> リンク文字列 </a>

意　味：アンカーポイントへ移動します。

　移動元の場所(この練習では"このページ先頭へ")を <a href="#pagetop"> という形でキーワードの先頭に"#"を付与して示します。キーワードが一致すれば画面はそこへ移動します。

```
<h1><a id="pagetop">総合案内</a></h1>
<table>
<caption>テーブル1:春の新規講座</caption>
   ⋮
</table>
```
← アンカーポイント(ここに移動する)

} テーブル1

```
<a href="#pagetop">このページの先頭へ</a>
```
← ここをクリックすると、アンカーポイントに移動する

```
<table>
<caption>テーブル2:講座総合案内</caption>
   ⋮
</table>
```

} テーブル2

```
<a href="#pagetop">このページの先頭へ</a>
```
← ここをクリックすると、アンカーポイントに移動する

```
<table>
<caption>テーブル3:第1会場(B館)</caption>
   ⋮
</table>
```

} テーブル3

```
<a href="#pagetop">このページの先頭へ</a>
```
← ここをクリックすると、アンカーポイントに移動する

```
<table>
<caption>テーブル4:第2会場(S館)</caption>
   ⋮
</table>
```

} テーブル4

```
<a href="#pagetop">このページの先頭へ</a>
```
← ここをクリックすると、アンカーポイントに移動する

図2-6-2　ページ内リンク

3) メールアドレス

書き方：<a href="mailto：メールアドレス"> 〜 </a>

意　味：a 要素の href 属性の値に、mailto：メールアドレスを指定します。

標準のメールソフトウェアが自動的に立ち上がるので便利です。ただし、メールソフトウェアがインストールされていない場合は、利用できません。

```
<p> お問い合わせは、
<a href="mailto:kohza@abc-school.ac.jp"> こちらまで </a></p>
```

ONE POINT ▶ 直リンクとは

　画像などの素材を提供するサイトでよく目にするのが「直リンク禁止」という言葉です。直リンクとは、他人の Web ページの画像の URL を指定して直接リンクして画像を表示させる行為です。これは素材提供元へのアクセス数が増えてサーバーに負担がかかることになりマナーに違反します。通常、自分の Web ページに画像を載せる場合は、その画像ファイルを保存しておくのが前提です。

2-6-3 練習問題

練習問題 6-1、6-2：ページ間リンク（ファイル名：ex61.html、ex62.html）

ページ間リンクの練習をしましょう。図のような ex61.html と ex62.html を作り、相互にリンクしてみましょう。テーブルのデータは、自由に制作しても構いません。

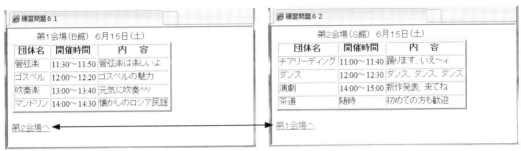

図 2-6-3　ページ間リンク（練習問題 6-1、6-2）

練習問題 6-3：ページ内リンク（ファイル名：ex63.html）

ページ内リンクの練習をします。既に説明してある 2-6-2 項 2)「ページ内リンク」の説明を確認しながら、演習しましょう。

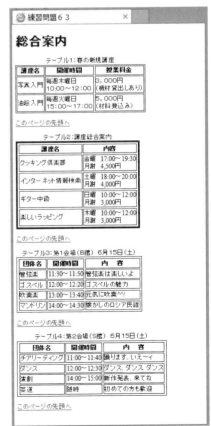

1) 既存のテーブルを、1つのページにまとめて、4つのテーブルがある長いページを作ってみます。この全体を ex63.html というファイル名で保存します。
   ・テーブル1：春の新規講座 sample4.html
   ・テーブル2：講座総合案内 ex42.html
   ・テーブル3：第1会場（B館）ex61.html
   ・テーブル4：第2会場（S館）ex62.html

2) <a id="キーワード"> ～ </a>
   ・キーワードに"pagetop"を指定しましょう。
   ・見出し文字<h1>を指定した"総合案内"としましょう。

3) <a href="#キーワード"> ～ </a>
   ・キーワードの先頭に"#"を付与して、
   <a href="#pagetop">と指定します。"このページの先頭へ"とし、ページ内リンクを設定しましょう。

4) ブラウザの画面を小さくして確認するとページ内リンクを確認できます。

図 2-6-4　ページ内リンク

```
<h1 id="pagetop"> 総合案内 </h1>
<table border="5">
<caption> テーブル1：春の新規講座 </caption>
～
</table>
<a href="#pagetop"> このページの先頭へ </a>
```

～テーブル2とテーブル3とテーブル4も同様のリンク～

練習問題6-4：ページ間リンク（ファイル名：index.html、ex61.html、ex62.html　フォルダー名：sample6）

　sample6フォルダー内のindex.htmlを開き、「ABCカルチャークラブ文化祭6月15日（土）開催決定詳細はここをクリック」の「ここ」にex61.htmlへのリンクをつけましょう。

　ex62.htmlにはindex.htmlへ戻るリンクを、ex61.htmlにもindex.htmlへ戻るリンクを追加しましょう。

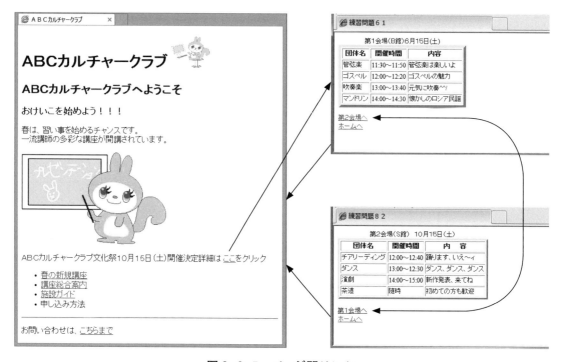

図2-6-5　ページ間リンク

2-7 ◆ フォーム

2-7-1　フォーム　例題7（ファイル名：sample7.html）

　フォームは、Webショッピングやアンケートなどで、ユーザーからの情報を取得するWebページを作成する際に利用します。フォームを利用することで、氏名や電話番号を入力する場所、性別を選択するボタン、セレクトメニューなどの部品を表示することが可能になります。次のソースコードを作成し、フォームについて理解しましょう。

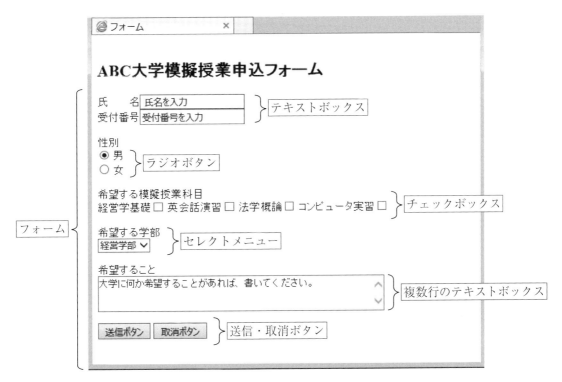

図2-7-1　フォーム

説明

```html
<!DOCTYPE html>
<html lang="ja">
<head>
<meta charset="UTF-8">
<title> フォーム </title>
</head>
<body>
<form>
<h2>ABC大学模擬授業申込フォーム </h2>
<p>
氏　　名 <input type="text" name="shimei" size="20" maxlength="30" value=" 氏名を入力 "><br>
受付番号 <input type="text" name="uketuke" size="20" value=" 受付番号を入力 ">
</p>
<p>
性別 <br>
<input type="radio" name="seibetu" value="male" checked> 男 <br>
<input type="radio" name="seibetu" value="female"> 女
</p>
<p>
希望する模擬授業科目 <br>
経営学基礎 <input type="checkbox" name="kamoku" value="kei" >
英会話演習 <input type="checkbox" name="kamoku" value="kai" >
法学概論 <input type="checkbox" name="kamoku" value="gai" >
コンピュータ実習 <input type="checkbox" name="kamoku" value="com" >
</p>
<p> 希望する学部 <br>
<select size="1" name="gakubu">
<option selected value=" 経営 "> 経営学部 </option>
<option value=" 法学 "> 法学部 </option>
</select>
</p>
<p> 希望すること <br>
<textarea name="kansou" cols="50" rows="3">
大学に何か希望することがあれば、書いてください。
</textarea>
</p>
<p>
<input type="submit" value=" 送信ボタン ">
<input type="reset" value=" 取消ボタン ">
</p>
</form>
</body>
</html>
```

（注釈：テキストボックス、ラジオ・ボタン、チェックボックス、セレクトメニュー、テキストエリア、ボタン、フォーム）

1) フォーム

書き方：<form> 〜 </form>

意　味：form要素は、各種の部品を作成するための土台を作成します。

　部品とは、テキストボックス、テキストエリア、ボタン、ラジオボタン、チェックボックス、セレクトメニューなどがあります。また、これをコントロールと呼ぶことがあります。このコントロー

ルを使いユーザーが入力した氏名や住所や年齢と言った文字や数値などのデータを収集することができます。

即ち、form 要素は、Web ページ上でデータを入力したり項目を選択したりする部品グループを作成するための要素です。form 要素は body 内に複数個作成することができます。form 要素を作成した数だけ form 要素による部品グループを作成したことになります。

2）部品（input）

書き方：<input> ～ </input>
意　味：input 要素は、コントロールを作成する要素です。

①テキストボックス　<input type="text">

1 行入力テキストボックスを作ります。これは文字や数字を入力するための部品です。

<input type="text" size="20">

size 属性は、テキストボックスの表示文字数を（半角文字換算で）指定します。この例題では、半角 20 文字で表示します。

<input type="text" maxlength="30">

maxlength 属性は、ボックスに入力可能な最大文字数を指定します。指定しない場合は無制限となります。この例題では、テキストボックスの表示文字数は 20 文字ですが、最大で半角 30 文字まで入力できます。

②ラジオボタン　<input type="radio">

ラジオボタンを作ります。これは複数のボタンから、項目を 1 つだけ選択するための部品です。

<input type="radio" checked="true">

checked 属性を指定すると、初期の表示段階でラジオボタンやチェックボックスにチェックが入ります。

③チェックボックス　<input type="checkbox">

チェックボックスを作ります。これは項目を選択するためのボタンです。ラジオボタンと違い複数選択が可能です。

④ name 属性　<input type="～" name="shimei">

name 属性を指定すると、コントロールに名前をつけることができます。この名前を使いコントロールの場所を特定します。ラジオボタンやチェックボックスで同じ名前をつけると、同じ名前を付けたグループを作成することができます。

⑤ value 属性　<input type="～" value="氏名を入力">

コントロールに、データの値を設定します。この例題では、テキストボックスに"氏名を入力"という文字が値として入ります。

⑥送信・リセットボタン　<input type="submit" value="送信ボタン">

submit を指定すると、フォームの送信ボタンを作ることができます。

<input type="reset" value="取消ボタン">

reset は、入力内容をキャンセルして初期状態に戻すボタンです。

3) 部品 (select)

書き方：<select> 〜 </select>

意　味：select 要素は、プルダウン形式のセレクトメニューを作成する要素です。

　メニューの選択項目自体は、option 要素を記述して作成します。option 要素の数だけ選択肢を作ることができます。この例題では、「経営学部」、「法学部」を選ぶことができます。

① <select size="1" 〜 >

　select 要素の size 属性は、メニュー（選択肢）表示項目数を指定するためのものです。この例題では size="1" なので、「経営学部」だけが表示されます。size="2" とすれば、「経営学部」と「法学部」まで表示されます。

② <select name="コントロールの名前" 〜 >

　name 属性を指定すると、コントロールに名前をつけることができます。この名前を使いコントロールの場所を特定します。

4) 部品 (option)

書き方：<option> 〜 </option>

意　味：option 要素は、select 要素で作成したプルダウン形式のセレクトメニューの選択項目を作成します。option 要素の数だけの選択肢を持ちます。

① <option selected value="選択項目の名前"> 経営学部 </option>

　option 要素の selected 属性は、デフォルトの時の選択を指定します。この例題では、「希望する学部」はデフォルト（最初の段階）では、「経営学部」が選ばれています。

　<option value="法学部"> 法学部 </option>

　input 要素の value 属性と同様にデータの値を設定します。

5) 部品 (textarea)

書き方：<textarea> 〜 </textarea>

意　味：複数行のテキストボックスを作成します。

　textarea 要素は複数行入力テキストボックスを作成し、cols 属性で横幅（半角文字数）を指定します。また、rows 属性で高さ（行数）を指定します。この例題では 50 文字で 3 行のテキストボックスが作られます。

このようなメールフォームをサーバーに送信した後、実際に送られたデータを処理するには、サーバー側で動く PHP や CGI といったプログラムが必要です。

ONE POINT ▶ データの値

フォーム内で作成するテキストボックスやボタンなどのWebページ上に配置された部品は、コントロールと呼ばれます。フォームはこれら作成されたコントロールを用いて、Webページからデータを取得するのに用いられます。

取得されたデータをサーバーへ送信する場合は、通常、それぞれのコントロールで指定されたvalue属性値が届けられます。セレクトメニューの場合、この例題では
　　　　＜option value="経営"＞経営学部＜/option＞
を指定しているので、「経営」という値がサーバに送られます。

ここでは、単に情報を格納できる場所を作成するにとどまりますが、JavaScript（第4章）においてフォームを用いた「データ取得」について言及します。

2-7-2　練習問題

練習問題7-1：　アンケートフォーム（ファイル名 ex71.html）

次のようなアンケートフォームを作ってみましょう。

①テキストボックスに姓、名とメールアドレスを入力できる。表示サイズは姓と名は半角10文字、メールアドレスは半角30文字、name値は、姓は"sei"、名は"mei"、メールアドレスは"mail"とします。

②ラジオボタンで性別を選択できる。name値は"ra"、value値は、男性が"m"、女性が"f"とします。

③チェックボックスで趣味を複数選択できる。name値は"shumi"、value値はコンピュータが"com"、読書が"rb"、スポーツが"sp"、アウトドアが"od"、散歩が"sn"とします。

④submitボタンとresetボタンを用意する。submitボタンには"送信"、resetボタンには"キャンセル"の文字を表示する。

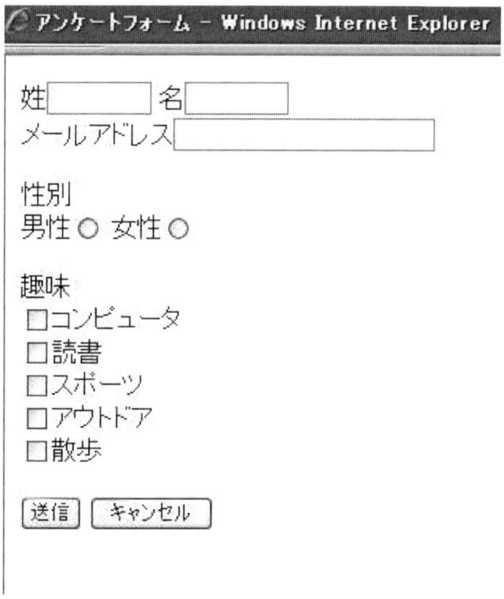

図2-7-2　アンケートフォーム

総合練習問題4：リンク　　フォルダー名：basic

①総合練習問題1、2、3で作成した「basic」フォルダーに中にある「index.html」を開き、Webページの下部にあるリストの部分に「bridge.html」「tower.html」へのリンクを作成しましょう。

②図2-7-3のindex.htmlを見て修正し、水平線の下に「お知らせ」（見出し文字h3）、「イベント情報を更新しました」（段落）を追加し、「イベント情報」には「schedule.html」へのリンクを作成します。
③次に、「bridge.html」「tower.html」「schedule.html」の最終行に「BACK」という文字を入れて、その文字に「index.html」へのリンクを作成しましょう。
④それぞれのファイルを上書き保存します。

図2-7-3　総合練習問題4

第3章 CSS

- **3**-1 スタイルシート
- **3**-2 文字のデザイン
- **3**-3 リストのデザイン
- **3**-4 背景のデザイン
- **3**-5 ボックスのデザイン
- **3**-6 テーブルのデザイン
- **3**-7 配置のデザイン
- **3**-8 外部ファイルのデザイン
- **3**-9 レイアウト

演習 Webプログラミング入門

3-1 ◆ スタイルシート

3-1-1 スタイルシートとは

　スタイルシートとは正式にはCSS（Cascading Style Sheets）と呼ばれ、Webページの装飾的な役割を担います。HTMLはVersion4.01以降、Webページの基本的な構造を記述し、スタイルシート（CSS）により文字やテーブルの色や形や大きさ、あるいは画像や余白などのデザインを記述し、役割が分担されるようになりました。つまり、CSSを用意するだけで同じHTMLを使って、Web用、モバイル用、印刷用などの用途に合わせたWebページが作成できるようになりました。ちなみに、cascadingのcascadeとは「階段状に連続する滝」という意味があり、段階的にスタイルを継承することを示しています。

　図3-1-1で分るように、スタイルシートを適用してデザインを工夫すると、単純な文章であるWebページが魅力的なページに生まれ変わります。CSSの最新バージョンはCSS3ですが、ブラウザにより未対応のものもあるので、一部の掲載にとどめました。

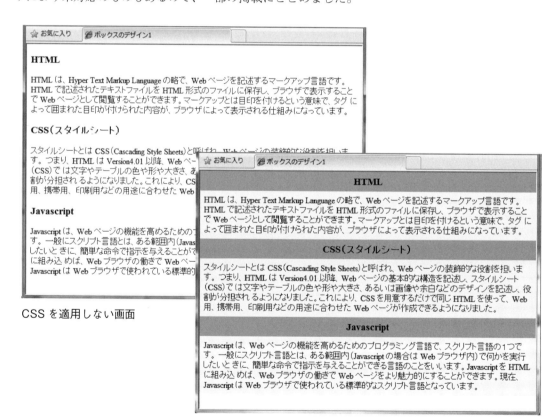

CSSを適用しない画面

CSSを適用している画面

図3-1-1　スタイルシートの適用

3-1-2 スタイル規則

1) スタイル規則の記述場所

HTML の中にスタイルシートを記述するには、次の3つの方法があります。

① 1つ目は、HTML の <head> 部分でスタイルを定義する方法
② 2つ目は、HTML の <body> 部分でスタイルを定義する方法
③ 3つ目は、スタイルを定義したファイルを用意し、必要とする HTML ファイルからこの定義ファイルを呼び出す方法です。

①方法１：ページ内スタイルシート <head> の中で指定する方法

　　　　　一般的な記述方法です。

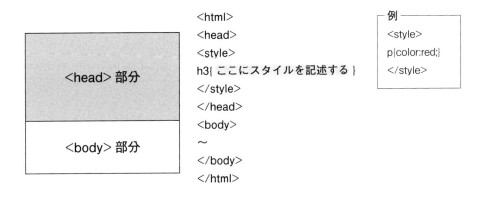

②方法２：要素内スタイルシート <body> の中で指定する方法

　　　　　ページ内の特定の部分に、スタイルシートを適用するときに便利な方法です。

③方法３：ページ間スタイルシート <外部スタイル> を読み込む方法

HTML の中ではスタイルの定義は行わず、スタイルを定めた別のファイルを用意し、必要の都度、HTML の中から参照する方法です。次の図のようなイメージになります。この方法は、多数のページに同じスタイルシートを適用する場合などに便利です。この場合は、それぞれの HTML の <head> 部分に次のように記述しリンクを作成します。

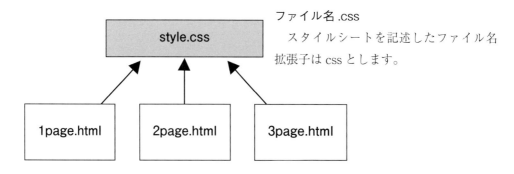

ファイル名 .css
スタイルシートを記述したファイル名
拡張子は css とします。

<link rel="stylesheet" href="style.css" type="text/css">

図のようにそれぞれの HTML が、スタイルシート（ファイル名 .css）を参照します。
CSS の記述方法による優先順位は、

1. ②方法 2：要素内スタイルシート
2. ①方法 1：ページ内スタイルシート
3. ③方法 3：ページ間スタイルシート　の順です。

本書では主に①**方法 1** で練習しますが、③**方法 3** を例題 23（3-8-1 項）で練習します。

2) スタイル規則の書式

スタイル規則を記述するための書式には、次の 3 つの組み合わせがあります。

セレクタ：CSS によって指定されるタグ
プロパティ（属性）：色や形や大きさ、画像や余白などの設定内容
値：プロパティの値

```
― 例 ―
  セレクタ プロパティ  値
  p {color : red ;}
```

①書式 1：セレクタ {プロパティ：値；}

例えば、p {color：red；}　という書き方です。

この場合、セレクタは p、プロパティは color（色）、値は red（赤）になります。なお、コメントは、
p {color：red；}　/* 文字の色は赤 */ のように書きます。

②書式 2：セレクタ {プロパティ：値；プロパティ：値；……；}

例えば、p{color:red;font-size:large;font-style:italic;}　という書き方です。

この場合、セレクタは p、

1 つ目のプロパティは color で、値は red（赤）であり、

2 つ目のプロパティは font-size（文字の大きさ）で、値は large（大きい）であり、

3 つ目のプロパティは font-style で、値は italic（イタリック）になります。

③書式 3：セレクタ，セレクタ，… {プロパティ：値；}

例えば、h1,h2,h3 {color：red；}　という書き方も可能です。

この場合、セレクタは h1, h2, h3 で、3 つともプロパティは color、値は red になります。

ONE POINT ▶ 子孫セレクタ

① HTML の記述
    <p><b>2016.4.15</b> 更新 </p>
p タグで挟まれている中に b タグ(太字)が入っている場合、
外側タグ…親
内側タグ…子　という関係です。-
② CSS の記述
「親が p で、子が b の場合は赤字になる」としたい場合は、以下のように記述します。
    p b{color:red;}
特定の条件でのみ、CSS の設定を適用するのに便利です。

3）スタイル規則の継承
①スタイル規則の継承

スタイル規則は、コンテント内の子要素に継承されます。例えば、
<p> ～ </p> でスタイル規則が設定されているコンテンツの中で、<span> ～ </span> でさらに別のスタイル規則が設定されているような場合は、

    <p> ～ <span> ～ </span> ～ </p>

スタイル規則の適用が追加されることになります。例えば、
p{font-size:12pt;color:#ff0000;} ....<p> でフォントサイズ 12pt と文字色赤色指定
span{color:#00ff00;}...........................<span> で文字色みどり色のみを指定
と指定すると、<span> の中の文字も 12pt になります。

つまり、文字サイズを <span> で指定しなくても、<p> のスタイル規則は、内部にある <span> のスタイル規則にも適用されていることになるわけです。これを**スタイルの継承**といいます。

3-1-3　クラスと ID

1）クラスセレクタ

「テキストの文字色を青色に指定したが、一部のテキストだけ赤字にしたい」という場合があります。クラスセレクタは適用する要素にクラス名をつけて、異なるスタイル規則を適用するときに使用します。また、同じスタイルの指定を複数の要素に指定することも可能です。

①クラスセレクタの書式 1

セレクタ . クラス名 {プロパティ：値；}

― 例 ―
セレクタ クラス　プロパティ　　値
p.red　{color：red；}

この場合、セレクタは p、クラス名が red です。
クラス名には、最初にドット(.)をつけます。
プロパティは color、値は red になります。

②クラスセレクタの書式2
　クラス名｛プロパティ：値；｝

```
例
　　　クラス　　プロパティ　　値
　　.red｛color：red；｝
```

　　　セレクタ名を省略して、先頭からドット(.)クラス名で記述することもできます。
　　　このように記述すると、いろいろな要素に同じスタイルを指定することができます。
③ HTML 内のクラス名の指定
　　HTML のクラス名の指定は、ダブルクォーテーション（" "）をクラス名につけ次のように記述します。

```
例
～
<body>
<p class="red">Web プログラミングを開始します。</p>
</body>
～
```

2) 擬似クラス

　a 要素には、いくつかの定義済みクラスを指定することができます。これを擬似クラスと呼び、擬似クラスはドット（.）ではなく、コロン（：）で指定します。擬似クラスとは、HTML の中で、誰でも使える様に標準的に用意されたクラス名を指します。以下は、a 要素に対して適用できるリンク擬似クラスです。

a：link｛color：bule；｝	リンクが設定されている箇所のスタイルの指定
a：visited｛color：green；｝	訪問済みリンクのスタイルの指定
a：hover｛color：red；｝	マウスを上に乗せたときのスタイルの指定
a：active｛color：cyan；｝	クリックした瞬間のスタイルの指定

　　　:link :visited :hover :active の順に記述します。これは、同じセレクタに対して同じプロパティに異なるスタイルを適用した場合に、あとに記述されたスタイルが優先されるからです。

3) ID セレクタ

　ページ内のある一意の箇所を指定し、スタイルを適用させたい場合に使用します。ID セレクタはクラスセレクタと違い、ページ中に一度しか使うことはできず、1 つのページ内に同じ ID はつけられません。

　例えば、div 要素でページレイアウトをする際、id 名をつけてブロックに分けるときなどに使用します。また、ID を使ってページ内リンクを作成することもできます。これについては、2-6-2項2)「ページ内リンク」で練習しましたね。

ID セレクタの書式：　＃ ID 名｛プロパティ：値；｝

```
例　HTML
<div id="header"> ～ </div>
```

```
例　CSS
#header｛background-color:#00ff00;｝
```

3-2 ◆ 文字のデザイン

3-2-1 文字の色　例題8（ファイル名：sample8.html）

　スタイルシートを使って、Webページを作成する練習をはじめましょう。プロパティ（属性）を指定して、色や形や大きさを決めるとWebページが華やかになります。まず、最初に文字の色を指定する練習をしてみましょう。

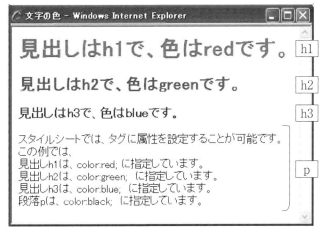

図 3-2-1　文字の色

説明

```
<html>
<head>
<title> 文字の色 </title>
<style>                                      … スタイル要素の開始です
h1{color:red;}      /*  h1 を赤  */         … <h1> の文字色を赤（red）にするスタイル規則
h2{color:green;}    /*  h2 を緑  */         … <h2> の文字色を緑（green）にするスタイル規則
h3{color:blue;}     /*  h3 を青  */         … <h3> の文字色を青（blue）にするスタイル規則
p{color:black;}                              … <p> 段落の文字色を黒（black）にするスタイル規則
</style>                                     … スタイル要素の終了です
</head>
<body>
    <h1> 見出しは h1 で、色は red です。</h1>    … この文字は赤（red）になります
    <h2> 見出しは h2 で、色は green です。</h2>  … この文字は緑（green）になります
    <h3> 見出しは h3 で、色は blue です。</h3>   … この文字は青（blue）になります
```

```
<p>
スタイルシートでは、タグに属性を設定することが可能です。<br>
この例では、<br>
見出し h1 は、color:red; に指定しています。<br>
見出し h2 は、color:green; に指定しています。<br>
見出し h3 は、color:blue; に指定しています。<br>
段落 p は、color:black; に指定しています。<br>
</p>
</body>
</html>
```

この段落 <p> 〜 </p> の文字は、黒（black）になります

1) この例題では、head 部で定義されたスタイルの規則が、body 部で記述された文字や文章に適用される構造になっています。
2) /*　〜　*/ は、間に挟まれた文字が、コメントであることを示します。コメントは覚え書きのようなものでブラウザでは表示されません。

スタイル規則
1) スタイル

書き方：<style> 〜 </style>

意　味：タグ <style…> 〜 </style> で囲まれた部分に、スタイル規則を記述します。

　この例では、3-1-2項1) ①方法1のスタイル規則が適用されています。即ち、<head> 〜 </head> に、スタイル規則である h1 {color：red；} …を書きます。これを、body 部に記述した <h1> 〜 </h1> などから、呼び出す仕組みになります。

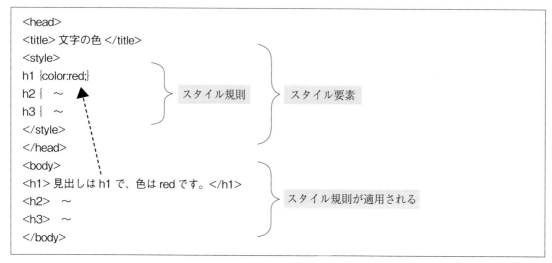

2) セレクタ

書き方：h1 {color：red；}

意　味：ソースコードの中に、「セレクタであるタグ h1 があれば、文字色（color）を赤（red）にしなさい」ということを意味します。

この例では、3-1-2 項 2) ①書式１のスタイル規則の書式が、適用されています。この場合、セレクタは h1、プロパティは color、値は red です。

① h1 {
　　color：red；
　　}

スタイル規則の記述で、このような書き方をすることもできます。意味するところは全く同じですね。 この書き方はソースコードが長くなると見易い形式ですので、実際は多くのソースコードで採用されています。

② h2 {color:green;}
　h3 {color:blue;}

これも、書式１であるセレクタ｛プロパティ：値；｝という形をしています。ソースコードの中に「タグ h2 あるいは h3 があれば，文字色を緑（green）あるいは青（blue）にしなさい」という意味ですね。

③ p {color:black;}

これもソースコードの中に、「段落を指示するタグ p があれば、文字色を黒（black）にしなさい」という意味です。

3) color プロパティ

書き方：color：値
意　味：文字の色を指定します。color プロパティの値の指定には、次のような方法があります。

①色の名前をカラー名で指定する方法

② 16 進数である　#rgb　あるいは　#rrggbb　で指定する方法

　# 記号は、次に続く数字が 16 進数であることを示しています。この場合、r（赤）は 0 - f の 16 進数で表します。g（緑）、b（青）も同様です。

③ 10 進数である　rgb（赤の %、緑の %、青の %）あるいは　rgb（赤、緑、青）　で指定する方法

　この場合、10 進数で、赤は 0 〜 100%、緑は 0 〜 100%、青は 0 〜 100% あるいは　赤は 0 〜 255、緑は 0 〜 255、青は 0 〜 255　です。
例えば、見出し文字 <h1> を、赤にしたい時は、以下のような書き方が挙げられます。

　　　　h1{color:#f00;}　　　　　　　　　　h1{color:rgb（100% ,0% ,0%）;}
　　　　h1{color:#ff0000;}　　　　　　　　h1{color:rgb（255,0,0）;}

4) 色の指定方法

次のような色の指定方法があります。

①色の名前をカラー名で指定する方法

色	カラー名	16進数		10進数	％
黒	black	#000	#000000	rgb (0, 0, 0)	rgb (0%, 0%, 0%)
灰色	gray	#888	#808080	rgb (128, 128, 128)	rgb (50%, 50%, 50%)
白	white	#fff	#ffffff	rgb (255, 255, 255)	rgb (100%, 100%, 100%)
赤	red	#f00	#ff0000	rgb (255, 0, 0)	rgb (100%, 0%, 0%)
緑	green	#0f0	#00ff00	rgb (0, 255, 0)	rgb (0%, 100%, 0%)
青	blue	#00f	#0000ff	rgb (0, 0, 255)	rgb (0%, 0%, 100%)
紫	purple	#808	#800080	rgb (128, 0, 128)	rgb (50%, 0%, 50%)
水色	aqua	#0ff	#00ffff	rgb (0, 255, 255)	rgb (0%, 100%, 100%)

その他 CSS3 では、RGBA 値を指定することができます。rgba の a は透明度で、0～1 の間で指定します。0 は透明、1 は不透明です。

② 16進数である #rgb あるいは #rrggbb で指定する方法

　　#rgb　　　r, g, b を 0～f（16段階：16進数）で指定することができます。
　　　　　　#f00（赤）、#0f0（緑）、#00f（青）、#ff0（黄）、…
　　#rrggbb　r, g, b を 0～ff（256段階：16進数）で指定することができます。
　　　　　　#ff0000（赤）、#00ff00（緑）、#0000ff（青）、#ffff00（黄）、…
「#」は番号を意味します。

③ 10進数である rgb（赤の％、緑の％、青の％）あるいは rgb（赤、緑、青） で指定する方法

　　rgb (n%, n%, n%)　　r, g, b をそれぞれ 0%～100% で指定することができます。
　　　　　　　　　　　rgb (100%, 0%, 0%) は赤、rgb (0%, 100%, 0%) は緑、rgb (0%, 0%, 100%) は青…

　　rgb (n, n, n)　　　　r, g, b を 0～255（256段階：10進数）で指定することができます。
　　　　　　　　　　　rgb (255, 0, 0) は赤、rgb (0, 255, 0) は緑、rgb (0, 0, 255) は青、…

（注）色に関しては、Google などの検索サイトで、参考になる良いサイトを探してみましょう。

5）RGB（光の3原色）

　　R（Red：赤）　　8ビット＝256色
　　G（Green：緑）　8ビット＝256色
　　B（Blue：青）　　8ビット＝256色
　　RRGGBB＝256色×256色×256色≒1,677万色≒通称1,670万色となります。

例えば、黄色は、rgb (100%, 100%, 0%) のように赤と緑を混ぜて作ります。それぞれの％に任意の値を指定して、中間色を自由に作ることができます。16進数による他の指定方法も同じ要領です。

但し、色の混ぜあわせは、光の3原色です。絵の具の3原色ではありません。その他、背景色（3－4節参照）などを作る時も同じ考え方です。

　　body｛background-color:rgb（100％，100％，0％）；｝

　　プロパティに background-color を指定することで、背景色を付けることができます。

6）RGB コードは 16 進数

　　10 進数は、0 ～ 9 までの数字で表わします。

　　8 進数は、0 ～ 7 までの数字で表わします。

　　16 進数は、0 ～ 9 までの数字と、A ～ F までの英字を使います。

　　　　　　A は 10、B は 11、C は 12、D は 13、E は 14、F は 15 の代用数字です。

　　2 進数は、0 と 1 の数字で表わしますね。RGB コードは 16 進数で表しています。

ONE POINT ▶ Web の配色

Web をデザインする場合、配色で迷うことがあります。インターネットで「Web デザイン　配色」などのキーワードで検索してみましょう。

3-2-2　文字の大きさ　　例題 9（ファイル名：sample9.html）

文字の大きさ（サイズ）を指定する練習をしてみましょう。

図 3-2-2　文字の大きさ

説明

```
<html>
<head>
<title> 文字の大きさ </title>
<style>                                    … スタイル規則の開始です
p.x-small {font-size:x-small;}
p.medium {font-size:medium;}
p.x-large {font-size:x-large;}             キーワードで指定するスタイル規則です
p.larger {font-size:larger;}
p.smaller {font-size:smaller;}
p.px-10 {font-size:10px;}
p.pt-10 {font-size:10pt;}                  数値付きの絶対値を指定するスタイル規則です
p.mm-5 {font-size:5mm;}
p.per-150 {font-size:150%;}                数値付きの相対値を指定するスタイル規則です
p.em-1 {font-size:1em;}
</style>                                   … スタイル規則の終了です
</head>
<body>
<p class="x-small"> 小さい文字 (small) </p>
<p class="medium"> 普通の文字 (medium) </p>
<p class="x-large"> 大きい文字 (large) </p>
<p class="larger"> より大きい文字 (larger) </p>
<p class="smaller"> より小さい文字 (smaller) </p>
<hr>
<p class="px-10">10 ピクセル (10px) の大きさの文字 </p>    それぞれのスタイル規則が適
<p class="pt-10">10 ポイント (10pt) の大きさの文字 </p>    用されて表示されます
<hr>
<p class="mm-5">5 ミリ (5mm) の大きさの文字 </p>
<p class="per-150"> 基準の 150% の文字 </p>
<p class="em-1"> 基準の高さ (1em) の文字 </p>
</body>
</html>
```

スタイル規則

1) font-size プロパティ

書き方：font-size：値

意　味：文字の大きさ (サイズ) を指定します。font-size プロパティの値の指定には、次のような方法があります。

①数値付きの絶対値を指定する方法

px (ピクセル)、pt (ポイント)、cm (センチ)、mm (ミリ)、in (インチ) などの種類があります。

ちなみに、ワープロソフト Word の標準の大きさは、10.5 ポイントです。

font-size：10px　　font-size：10pt　　font-size：5mm などと指定します。

```
        <head>
        <style>
        p.px-10 {font-size：10px ; }    … スタイル規則を宣言し、class 名を
          ～                               "px-10" とする。class 名は任意です
        </style>
        </head>
        <body>
        <p class="px-10">10 ピクセル(10px)の大きさの文字 </p>
          ～                           … この文字列に、class 名 = "px-10" が適用されるので、
        </body>                          文字列が、10 ポイントになります
```

②数値付きに相対値を指定する方法

基準となる文字サイズに対しての％（パーセント）を指定します。

基準となる文字サイズの高さを　1　とする em（エム）を指定します。

font-size：75%　font-size：150%　font-size：2em　などと指定します。

(注) 基準となる文字サイズとは、ブラウザによって基準が決められます。

③キーワードを指定する方法

次のようなキーワードがあります。

xx-small	…	非常に小さい文字
xx-large	…	非常に大きい文字
x-small	…	小さい文字
x-large	…	大きい文字
small	…	やや小さい文字
large	…	やや大きい文字
medium	…	普通の文字（初期値は主要なブラウザでは 16 ピクセル程度）
larger	…	より大きい文字（親要素に対しての相対指定で一段大きく）
smaller	…	より小さい文字（親要素に対しての相対指定で一段小さく）

3.-2-3 文字の種類　例題10（ファイル名：sample10.html）

ここでは、文字の種類（フォント）について練習しましょう。

日本語の書体は、ゴシック体と明朝体の2つに大別できます。指定するフォント名に英字やスペースが入っていると、入力時に注意が必要です。（One point 参照）

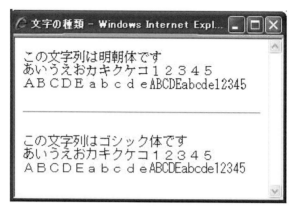

図3-2-3　文字の種類

説明

```
<html>
<head>
<title> 文字の種類 </title>
<style>
p.mincho {font-family:"MS 明朝 ",serif;}          文字のフォント（字体）を
p.gothic {font-family:"MS ゴシック",sans-serif;}   指定するスタイル規則です
</style>
</head>
<body>
<p class="mincho"> この文字列は明朝体です <br>    明朝体をスタイル規則が
あいうえおカキクケコ１２３４５<br>               適用されます
ＡＢＣＤＥａｂｃｄｅ ABCDEabcde12345
</p>
<hr>
<p class="gothic"> この文字列はゴシック体です <br>  ゴシック体をスタイル規則が
あいうえおカキクケコ１２３４５<br>                適用されます
ＡＢＣＤＥａｂｃｄｅ ABCDEabcde12345
</p>
</body>
</html>
```

1）p.mincho{font-family：″MS明朝″,serif;} で「mincho」というクラス名（class）をつけています。フォント名は″MS明朝″を指定しています。指定したフォントがない場合には、総称ファミリ名である「serif」を指定します。
2）同様に p.gothic{font-family：″MSゴシック″,sans-serif；} は、「gothic」というクラス名（class）をつけて、フォント名は″MSゴシック″を指定しています（One point 参照）。指定したフォントがない場合には、総称ファミリ名である「sans-serif」を指定します。なお、使用するブラウザによって、表示できるフォントが異なります。また文字コードやOS環境によっても影響を受けます。ここでは、代表的なフォントのみ練習しています。

スタイル規則

1）font-family プロパティ

書き方：font-family：値

意　味：文字のフォント（書体）を指定します。font-family プロパティの値の指定には、フォント名、総称ファミリー名があります。

①フォント名はカンマ（,）で区切って複数並べることができ、先頭から順にユーザ環境で利用可能なものが選択されます。

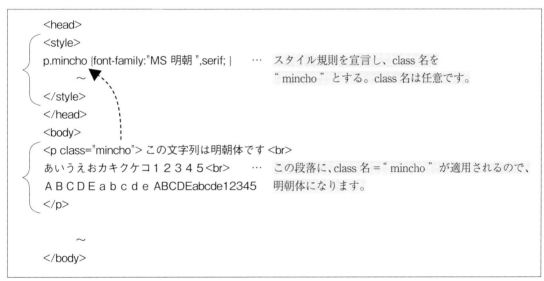

②フォント名を指定する場合、フォント名の中に半角スペースが含まれている場合には、シングルクォーテーション（'）またはダブルクォーテーション（″）で囲みます。
③一般的な日本語のフォントの例
　″MS　明朝″″MS　ゴシック″″MS P 明朝″″MS P ゴシック″など
④一般的な英文フォントの例
　″Courier New″″Times New Roman″″Courier Arial Century″など
⑤指定したフォントがユーザ環境にインストールされていない場合は、ブラウザのデフォルト（何も指定しない場合の規定値）のフォント（字体）で表示されます。

⑥極端に違いがでないように、**総称ファミリー名**を一番最後に指定することが一般的です。
　総称ファミリー名には、以下のものがあります。

sans-serif	ゴシック系のフォント
serif	明朝系のフォント
cursive	筆記体系のフォント
fantasy	装飾系のフォント
monospace	等幅（固定幅）フォント

 ワープロのフォント

　font-familyの値は正確に入力しなければなりません。ワープロソフトのWordを利用すると便利です。
①まずWord画面の「ホームタブ」の「フォント」で、右隣の▼をクリックして使用したい字体を選びます。
②選択されたフォント名を右クリックし、ショートカットメニューから「コピー」を選んで、そのフォント（字体）を「貼り付け」ると、正確なフォント名が入力できます。
　ただし、閲覧側のパソコンにそのフォントがない場合には表示されません。「MSゴシック」など、スペースや英文字が入っている場合は特に注意して、Wordからのコピーが必要です。

3-2-4 文字の装飾　例題11（ファイル名：sample11.html）

さらに、いろいろな文字のスタイルなどについて練習しましょう。

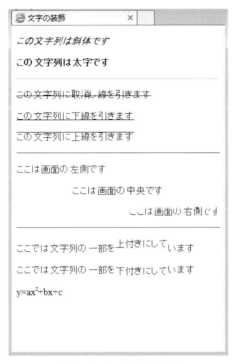

図3-2-4　文字の装飾

説明

```
<html>
<head>
<title> 文字の装飾 </title>
<style>
p.italic {font-style:italic;}                       … 文字を斜体にします
p.bold {font-weight:bold;}                          … 文字を太くします
p.through {text-decoration:line-through;}
p.under {text-decoration:underline;}                 文字に線を引きます
p.over {text-decoration:overline;}
p.left {text-align:left;}
p.right {text-align:right;}                          文字の行揃えを指定します
p.center {text-align:center;}
span.super {vertical-align:super;}
span.sub {vertical-align:sub;}                       文字の縦位置を指定します
span.beki {vertical-align:super;font-size:0.5em;}
</style>
</head>
```

```
<body>
<p class="italic"> この文字列は斜体です </p>
<p class="bold" > この文字列は太字です </p>
<hr>
<p class="through" > この文字列に取消し線を引きます </p>
<p class="under" > この文字列に下線を引きます </p>
<p class="over" > この文字列に上線を引きます </p>
<hr>
<p class="left"> ここは画面の左側です </p>
<p class="center"> ここは画面の中央です </p>
<p class="right"> ここは画面の右側です </p>
<hr>
<p> ここでは文字列の一部を <span class="super"> 上付きにして </span> います </p>
<p> ここでは文字列の一部を <span class="sub"> 下付きにして </span> います </p>
<p>y= ax<span class="beki">2</span> + bx + c</p>
</body>
</html>
```

それぞれのスタイル規則が適用されます

スタイル規則

1) font-style プロパティ

書き方：font-style：値

意　味：文字を斜体にします。

 font-style：italic　　（文字を斜体にする）

 font-style：normal　　（文字を通常に戻す）

2) font-weight プロパティ

書き方：font-weight：値

意　味：文字を太字にします。

 font-weight：bold　　（文字を太字にする）

 font-weight：normal　　（文字を通常に戻す）

3) text-decoration プロパティ

書き方：text-decoration：値

意　味：文字を飾ります。

 text-decoration：line-through（文字に取消し線を入れる）

 text-decoration：underline　　（文字に下線を引く）

 text-decoration：overline　　（文字に上線を引く）

 text-decoration：none　　（文字を通常に戻す）

4) text-align プロパティ

書き方：text-align：値

意　味：文字列の行揃えをします。

   text-align：left　　　　　（文字列を左側に配置する）
   text-align：right　　　　 （文字列を右側に配置する）
   text-align：center　　　　（文字列を中央に配置する）

5) vertical-align プロパティ

書き方：vertical-align：値

意　味：文字列の垂直方向の位置を指定します。

   vertical-align：super　（文字を上付きにする）
   vertical-align：sub　　（文字を下付きにする）

3-2-5　練習問題

練習問題 8-1：文字の色 1（ファイル名：ex81.html）

　h4 を purple に、h5 を lime に、h6 を aqua に指定し、h1 を #ff0000 に、h2 を #00ff00 に、h3 を #0000ff に指定し、段落 p には、#rrggbb の形で好きな色を指定して、いろいろ試してみましょう。

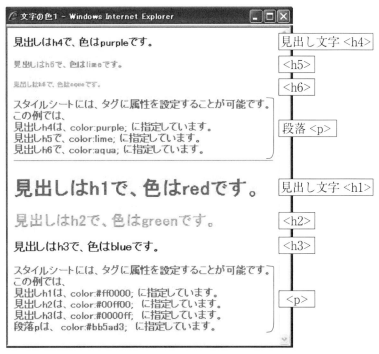

図 3-2-5　文字の色 1

練習問題 9-1：文字の大きさ 1（ファイル名：ex91.html）

例題 9 のように、class 名と font-size のキーワードを使って、次のような Web ページを作成し、文字の大きさ（サイズ）を確認してみましょう。xx-small、x-small、small、medium、large、x-large、xx-large を上手に使いましょう。

図 3-2-6　文字の大きさ 1

練習問題 9-2：文字の大きさ 2（ファイル名：ex92.html）

例題 9 のように、class 名と font-size のキーワードを使って、次のような Web ページを作成し字の大きさ（サイズ）を確認してみましょう。px（ピクセル）、pt（ポイント）、em（エム）を上手に使いましょう。

図 3-2-7　文字の大きさ 2

練習問題 10-1：文字の種類（ファイル名：ex101.html）

次のフォントを使いましょう。

上部　　font-family：メイリオ,"MS Pゴシック", sans-serif
下部　　"HGP行書体"，cursive（注）

クラス名は自由に決めて設定しましょう。

図3-2-8　文字の種類

（注）フォント名は複数指定することができます。先頭のフォントが表示できない場合は、次に指定したフォントが選ばれます。環境により指定したフォントが表示されない場合もあります。そのような時は、総称ファミリー名を指定しておきましょう。（3-2-3項参照）

（注）メイリオは活字（フォント）の名称の1つですが、空白を含まないフォント名は""（ダブルクォーテーション）で囲まずに使用できます。

練習問題 10-2：文字の色と種類（ファイル名：ex102.html）

2-2-2項練習問題2-3のex23.htmlを開き、ブロックごと（div要素）にクラス名をつけて文字色やフォントを変更してみましょう。ファイル名をex102.html　にして保存しましょう。

ブラウザのフォント

ブラウザで扱えるフォントを確認したい場合は、
①ブラウザの「ツール」メニューから、「インターネットオプション」を選択し、
②「全般」タブから「フォント」ボタンをクリックすると、フォントダイアログボックスが表示されます。
③ここで左側に表記されているものが、ブラウザで表示するフォント一覧です。この中に求めるフォントがなければ使用することができません。

3-3 ◆ リストのデザイン

3-3-1 リストのマーク　例題12（ファイル名：sample12.html）

2-3節でHTMLをベースにしたリストを学びました。ここでは、スタイルシートを使ってリストのデザインを変更してみましょう。2-3-1項で作成したsample3.htmlをコピーして、sample12.htmlというファイル名に変更してから始めましょう。

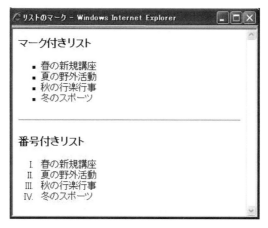

図3-3-1　リストのマーク

説明

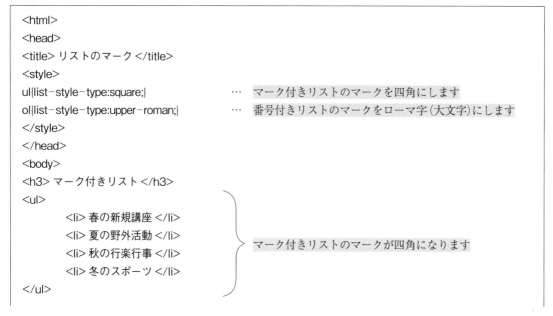

```
<hr>
<h3> 番号付きリスト </h3>
<ol>
        <li> 春の新規講座 </li>
        <li> 夏の野外活動 </li>
        <li> 秋の行楽行事 </li>
        <li> 冬のスポーツ </li>
</ol>
</body>
</html>
```

　　　　　　　　　　　　　　　　番号付きリストの番号がローマ字（大文字）になります

　既に学んだリストの作成方法にスタイル規則を適用すると、デザインを含んだリストを作成することができます。

スタイル規則
1) list-style-type プロパティ

書き方：list-style-type：値
意　味：マーク付きリストのマークの種類を指定します。

　list-style-type プロパティの値の指定には、次のような種類があります。後述の練習問題12-1で、理解を深めましょう。

①次のような種類のマークがあります。

値	意味
list-style-type：disc	黒丸（デフォルト）
list-style-type：circle	白丸
list-style-type：square	四角
list-style-type：none	マークを表示しない

　デフォルト値とは既定値のことです。何もしなければ、この値が指定されます。

②次のような種類の数字やローマ数字があります。

値	意味
list-style-type：decimal	１２３（デフォルト）
list-style-type：lower-roman	ⅰ ⅱ ⅲ：ローマ数字（小文字）
list-style-type：upper-roman	Ⅰ Ⅱ Ⅲ：ローマ数字（大文字）
list-style-type：lower-alpha	ａｂｃ：アルファベット（小文字）
list-style-type：upper-alpha	ＡＢＣ：アルファベット（大文字）

3-3-2 リストの画像　例題13（ファイル名：sample13.html）

マーク付きリストのマークに簡単な画像や作成したマークを指定してみましょう。

図3-3-2　リストの画像

説明

```
<html>
<head>
<title>リストの画像</title>
<style>
ul.mark1{
list-style-image:url(image/blue-mark.gif);
font-weight:bold;
}
ul.mark2{
list-style-image:url(image/red-list.gif);
font-weight:bold;
}
</style>
</head>
<body>
<ul class="mark1">
        <li>春の新規講座</li>
        <li>夏の野外活動</li>
        <li>秋の行楽行事</li>
        <li>冬のスポーツ</li>
</ul>
<hr>
<ul class="mark2">
        <li>春の新規講座</li>
        <li>夏の野外活動</li>
        <li>秋の行楽行事</li>
        <li>冬のスポーツ</li>
</ul>
</body>
</html>
```

- マーク付きリストのスタイル規則を決めています
- 別のスタイル規則です
- … 指定されたマーク（mark1）を呼び出します
- マーク付きリストです
- … 指定された別のマーク（mark2）を呼び出します
- マーク付きリストです

スタイル規則
1）list-style-image プロパティ

書き方：list-style-image：値

意　味：マーク付きリストのマークに画像を指定します。list-style-image プロパティの値の指定には、次のような方法があります。

値	意味
list-style-image:url（画像ファイル名）	リストのマークを指定された画像にする
list-style-image:none	マークを表示しない

①表示したい画像がソースコードと同じフォルダーに入っているならば、そのまま画像ファイル名を指定します。

②画像が別フォルダーに保存してある場合などパスを明示する必要がある場合は、そのパスを指定します。画像ファイルには、GIF 形式や JPEG 形式や PING 形式の画像を指定します。例えば、

・画像がソースコードと同じフォルダーに入っている場合は、
　ul.mark1{
　list-style-image:url（blue-mark.gif）;
　}
・画像が別フォルダー（例えば image というフォルダーに）入っている場合は、
　ul.mark1{
　list-style-image:url（image/blue-mark.gif）;
　}
あるいは、
・画像が入っている URL を直接指定する場合もあります。

この例題では、font-weight:bold; も併用して太字にしていますね。

3-3-3　練習問題

練習問題 12-1：リストのマーク（ファイル名：ex121.html）

2-3-2項「練習問題 3-1」で作成した ex31.html をコピーして、list-style-type を変更しましょう。マーク付きリストは白丸に、番号付きリストは、アルファベット大文字に変更してください。ファイル名は ex121.html として保存しましょう。

練習問題 12-2：リストの入れ子（ファイル名：ex122.html）

2-3-2項の練習問題 3-2 で作成した ex32.html をコピーして、スタイルを次のように記述しましょう。ファイル名は ex122.html として保存しましょう。

```
ul li{list-style-type:square;}
ul ul li{list-style-type:none;}
ol li{list-style-type:upper-alpha;}
ol ol li{list-style-type:lower-roman;}
```

図3-3-4と比べながら考えましょう。

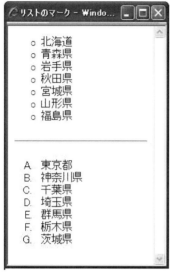

図3-3-3 リストのマーク（練習問題12-1）

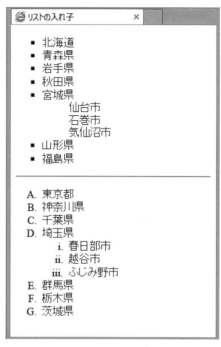

図3-3-4 リストの入れ子（練習問題12-2）

練習問題12-3：リストのデザイン（ファイル名：ex123.html）

3-3-2項の例題13のsample13.htmlを開き修正します。Webページのメニューの部分を作るときに利用できます。

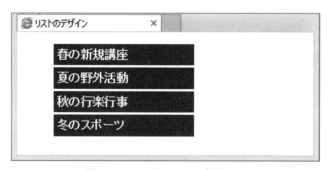

図3-3-5 リストのデザイン

```
─ ヒント ─
<style>
ul{
width:200px;                        … 枠幅
list-style-type:none;               … マークなし
}
li{
background-color:blue;              … 背景を青色
font-weight:bold;                   … 太字
color:white;                        … 文字を白色
padding:5px;                        … パディングの幅
margin:3px;                         … マージンの幅
}
</style>
</head>
<body>
<ul>
        <li> 春の新規講座 </li>
        <li> 夏の野外活動 </li>
        <li> 秋の行楽行事 </li>
        <li> 冬のスポーツ </li>
</ul>
```

「枠幅」「マークなし」… リスト枠のスタイル規則を決めています

「背景を青色」「太字」「文字を白色」「パディングの幅」「マージンの幅」… 各項目のスタイル規則を決めています

（注）padding は内側の余白 margin は外側の余白の指定です。3-5 節で詳しく解説します。

練習問題 13-1：リストの画像（ファイル名：ex131.html）

インターネット上のフリー素材などを活用して、sample13.html のリストマークの画像を変更してみましょう。sample13.html をコピーして変更後、ex131.html という名前で保存しましょう。

3-4 ◆ 背景のデザイン

3-4-1 背景色　例題 14（ファイル名：sample14.html）

画面全体や文字や段落に、背景色を指定する練習をしてみましょう。

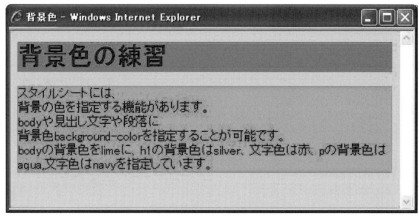

図 3-4-1　背景色

説明

`<html>`		
`<head>`		
`<title>` 背景色 `</title>`		
`<style>`	…	スタイル規則です
`body{background-color:lime;}`	…	body 全体の背景色、文字色の指定です
`h1{background-color:silver;color:red;}`	…	見出し文字 `<h1>` の背景色、文字色の指定です
`p{background-color:aqua;color:navy;}`	…	段落 `<p>` の背景色、文字色の指定です
`</style>`		
`</head>`		
`<body>`	…	`<body>`,`<h1>`,`<p>` にそれぞれの
`<h1>` 背景色の練習 `</h1>`		スタイル規則が適用されます

`<p>` スタイルシートには、`<br>` 背景の色を指定する機能があります。`<br>`
body や見出し文字や段落に `<br>` 背景色 background-color を指定することが可能です。`<br>`
body の背景色を lime に、h1 の背景色は silver、文字色は red、p の背景色は aqua,
文字色は navy を指定しています。`</p>`
`</body>`
`</html>`

スタイル規則
1) background-color プロパティ

書き方：background-color：値
意　味：要素の背景色を指定するプロパティです。各種の要素に適用できます。
　background-color プロパティの値の指定には、次のような方法があります。値は色を指定するのですから、3-2-1項スタイル規則3) color プロパティで既に学習した方法と同じです。

① body {background-color：lime；}
　body に background-color プロパティを指定すると、画面全体に背景色を付けることができます。この例題では、画面全体の背景色が、緑(lime)色になります。

② h1 {background-color：silver；color：red；}
　この例題では、見出し文字 <h1> の背景色を銀色(silver)にして、同時に文字の色を赤(red)に指定しています。これは、3-1-2項2) スタイル規則の書式2で説明した形式ですね。書式2は、1つのセレクタに複数のプロパティを設定できる形式です。(One point 参照)
　　書式2：セレクタ {プロパティ：値；プロパティ：値；……}

③ p {background-color：aqua；color：blue；}
　この例題では、段落 <p> に対しても、背景色を指定しています。背景色を水色(aqua)にして、同時に文字の色を青(blue)に設定しています。

ONE POINT ▶ CSS の書き方

　CSSの記述が長くなると、以下のように入力していくことをおすすめします。こうすれば、あとから誤りを見つけやすくなります。この時、インデント(字下げ)するには、Tab キーを使用します。

```
h1{
    background-color:silver;
    color:red;
}
```

3-4-2 背景画像　例題15（ファイル名：sample15.html）

背景に画像を設定する練習をしましょう。画像ファイルは、同友館サイトからダウンロードできます。Tabキーを使用して、ソースを見やすく修正しましょう。

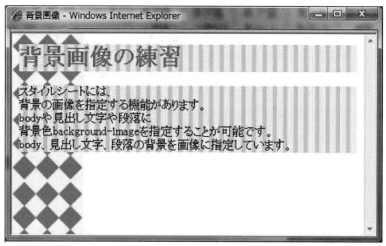

図3-4-2　背景画像

説明

```
<html>
<head>
<title> 背景画像 </tltle>
<style>                                                … スタイル規則です
body{
        background-image:url("image/diamonds.gif");    … body の背景に画像を指定します
        background-repeat:repeat-y;}                   … 背景画像を縦方向に繰り返します
h1{
        background-image:url("image/stripe.gif");      … h1 の背景に画像を指定します
        color:red;}         …h1 の文字色を赤色にします
p{
        background-image:url("image/stripe.gif");      … 段落 p の背景に画像を指定します
        color:navy;}                                   … p の文字色を紺色にします
</style>
</head>
<body>
<h1> 背景画像の練習 </h1>
<p> スタイルシートには、<br> 背景の色を指定する機能があります。<br>
body や見出し文字や段落に <br> 画像 background-image を指定することが可能です。<br>
body、見出し文字、段落の背景を画像に指定しています。</p>
</body>
</html>
```

スタイル規則
1）background-image プロパティ

書き方：background-image：url（" 画像ファイル名 "）
意　味：要素の背景に画像を指定するプロパティです。3-3-2項スタイル規則1）と同じように、画像ファイルの場所を示すには、

　表示したい画像がソースコードと同じフォルダーに入っているならば、そのまま画像ファイル名を指定します。

　画像が別フォルダーに保存してある場合などパスが必要な場合は、そのパスを明示します。画像ファイルには、Webページで扱えるGIF形式やJPEG形式やPING形式の画像を指定します。例えば、

・画像がソースコードと同じフォルダーに入っている場合は、
　　　　background-image：url（"diamonds.gif"）
・画像が別フォルダ（例えばimageというフォルダーに）に入っている場合は、
　　　　background-image：url（"Image/diamonds.gif"）
あるいは、
・画像が入っているURLを直接指定する場合もあります。

---

① body {background-image：url（"image/diamonds.gif"）；
　　　background-repeat：repeat-y；}

　body要素にbackground-imageプロパティを指定すると、画面全体の背景画像を指定できます。例題15では画面全体の背景画像に、imageフォルダー内の"diamonds.gif"が指定されています。同時に、

　background-repeat：repeat-y；は、背景画像の繰り返しの指定です。repeat-yを指定することで背景画像が縦方向一列に繰り返すという指定になります。

② h1 {background-image：url（"image/stripe.gif"）；
　　　color：red；}

　この例題では、見出し文字<h1>の背景画像に、"stripe.gif"が指定されています。同時に、文字色を赤（red）に指定しています。

③ p {background-image：url（"image/stripe.gif"）；
　　　color：navy；}

　この例題では、段落<p>の背景画像にも同じファイルを指定しています。同時に、文字の色を紺（navy）に設定しています。p要素に配置した背景画像は、配置面積よりも画像が大きい場合、画像すべてを表示させることはできません。背景画像を指定しない場合は値にnoneが入ります。

2) background-repeat プロパティ

書き方：background-repeat：値
意　味：背景画像の並び方を指定します。

① background-repeat プロパティの値の指定には、次のような種類があります。

値	意味
background-repeat：repeat	要素の背景に、縦横方向に画像が繰り返されます
background-repeat：repeat-x	要素の背景に、横方向に画像が繰り返されます
background-repeat：repeat-y	要素の背景に、縦方向に画像が繰り返されます
background-repeat：no-repeat	要素の背景に、1つの画像が表示されます

② body {background-repeat：値；} で考えてみましょう。

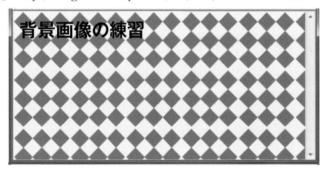

body {background-repeat：repeat；}
背景一面に背景画像が繰り返されます。これがデフォルト（既定）値なので、記述しないとこのように表示されます。

body {background-repeat：repeat-x；}
背景の横一列方向に背景画像が繰り返されます。

body {background-repeat：repeat-y；}
背景の縦一列方向に背景画像が繰り返されます。

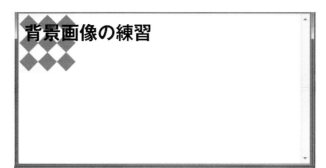

body {background-repeat：no-repeat；}
画像の表示を繰り返しません。したがって、1回だけ画像が表示されます。

3) background-position プロパティ

書き方：background-position：値
意　味：背景画像の位置を指定します。

background-position プロパティの値の指定には、次のような種類があります。

値	意味
background-position：top	背景画像を上に寄せます
background-position：right	背景画像を右に寄せます
background-position：bottom	背景画像を下に寄せます
background-position：left	背景画像を左に寄せます
background-position：center	背景画像を中央に寄せます

値は、2つを組み合わせて指定できます。例えば、background-position：right bottom；などと半角スペースで区切って記述します。

4) background-attachment プロパティ

書き方：background-attachment：値
意　味：画面をスクロールした時の背景画像の動きを指定します。

background-attachment プロパティの値の指定には、次のような種類があります。

値	意味
background-attachment：scroll	背景画像をスクロールします（デフォルト）
background-attachment：fixed	背景画像をスクロールしません

3-4-3 練習問題

練習問題 14-1：テキストと背景（ファイル名：ex141.html）

図3-4-3を参考にして、テキストとその背景色を利用する練習をしてみましょう。
テキストファイルは、同友館よりダウンロードすることができます。

図3-4-3　テキストと背景

ヒント

① h3 {color：rgb (80%,5%,15%)；}

　見出し文字 <h3> で囲まれた文字の色を、％で指定してみましょう。

② p {background-color：aqua；color：purple；}

　段落 <p> で囲まれた文字の背景色は、藍緑色 (aqua) で、文字色 (purple) で、指定してみましょう。

③ HTML、CSS、JavaScript の説明をよく読んで、理解しましょう。

練習問題 15-1：背景画像（ファイル名：ex151.html）

この練習問題では、背景画像の設定を練習しましょう。画像とテキストファイルは同友館よりダウンロードできます。リストを使って、都道府県名がすべて表示されます。スクロールした時、背景が固定されています。

図 3-4-4　背景画像

> **ヒント**
>
> ① h1
>
> 　文字の色：orange
>
> 　フォント：HGS 明朝 E（Word からフォント名をコピーしましょう。）（3-2-3 項 One point 参照）
>
> ② body
>
> 　背景色：navy
>
> 　背景画像の並べ方：1 つのみ
>
> 　背景画像の位置：中央
>
> 　背景画像：image フォルダー内の sky.jpg
>
> 　スクロールした時の動き：スクロールさせない
>
> 　文字列の行揃え：中央に配置
>
> ③ ul
>
> 　文字の色：yellow
>
> 　リストのマークを表示しない
>
> 　行の高さ：200%（line-height:200%;）

3-5 ◆ ボックスのデザイン

3-5-1 ボーダーの設定　例題16（ファイル名：sample16.html））

　3-4-3項の練習問題14-1を再利用します。既に作成してある ex141.html をコピーして、sample16.html というファイル名に変更してから始めましょう。

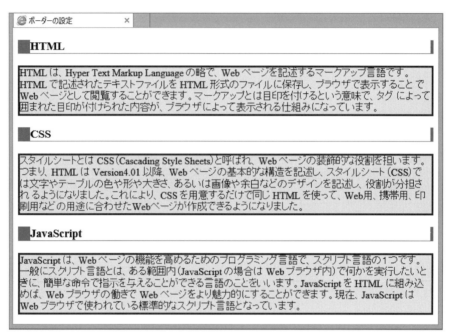

図 3-5-1　ボーダーの設定

説明

```
<!DOCTYPE html>
<html lang="ja">
<head>
<title> ボーダーの設定 </title>
<style>
h3{                                          …  （見出し文字 h3 のスタイル規則です）
        border-right:solid #ff0000 5px;      …  枠の右線：実線　赤　5 ピクセルです
        border-bottom:solid #ff0000 1px;     …  枠の下線：実線　赤　1 ピクセルです
        border-left:solid #ff0000 20px;      …  枠の左線：実線　赤　20 ピクセルです
}
p{                                           …  （段落 p のスタイル規則です）
        background-color:#99ff99;            …  背景色：クリアな緑色
```

```
            border:solid #333333 3px;              … 枠の上下左右線：実線　グレー　3ピクセルです
}
</style>
</head>
<body>
<h3>HTML</h3>
<p>
HTMLは、Hyper Text Markup Languageの略で、Webページを記述するマークアップ言語です。
～（途中省略）ブラウザによって表示される仕組みになっています。
</p>
<h3>CSS</h3>
<p>
スタイルシートとはCSS（Cascading Style Sheets）と呼ばれ、Webページの装飾的な役割を担います。
～（途中省略）Webページが作成できるようになりました。
</p>
<h3>JavaScript</h3>
<p>
JavaScriptは、Webページの機能を高めるためのプログラミング言語で、スクリプト言語の1つです。
～（途中省略）Webブラウザで使われている標準的なスクリプト言語となっています。
</p>
</body>
</html>
```

　この例題16では、見出し文字h3には、スタイル規則で枠線（ボーダー：border）である右線、下線、左線をそれぞれ別々に設定しています。一方、段落pのスタイル規則は、枠線である上線、右線、下線、左線を一度に設定しています。同時に背景色も設定しています。

　ところで、文字や文章や画像などのコンテンツ(内容)は、ボックスの中に書かれていると考えます。次の概念図を参照しながら、ボックスの構造を理解し、パディング、ボーダー、マージンの設定の練習をしましょう。

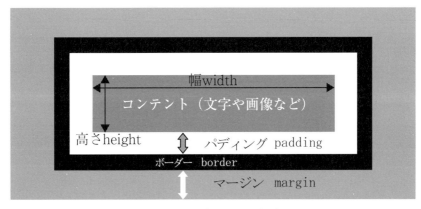

図3-5-2　ボックスの概念図

スタイル規則
1) border プロパティ

①書き方：border：border-style の値　border-color の値　border-width の値
　意　味：枠線（ボーダー：border）やテーブルのデザインを指定します。この書き方は、4つの枠線の style と color と width を同じデザインで一度に指定できます。

②書き方：border-top：border-style の値　border-color の値　border-width の値
　　　　　boder-right：border-style の値　border-color の値　border-width の値
　　　　　boder-bottom：border-style の値　border-color の値　border-width の値
　　　　　boder-left：border-style の値　border-color の値　border-width の値
　意　味：枠線やテーブルのデザインを指定します。この書き方は、4つの枠線の style と color と width を別々に指定します。例題16の見出し文字 h3 の右、下、左の枠線は、この書き方を利用しています。

```
例
h1{border:solid blue 2px;}
```

2) border-style プロパティ

書き方：border-style：値
意　味：枠線のスタイルを指定します。
次のような線の種類があります。

値	意味	
border-style：none	枠線を表示しない	
border-style：solid	実線で表示する	
border-style：dotted	点線で表示する	
border-style：dashed	破線で表示する	
border-style：double	二重線で表示する（太さは3px以上）	
border-style：groove	溝のように凹へんで見えるように表示する	
border-style：ridge	棟のように凸突き出て見えるように表示する	
border-style：inset	枠の内側が凹へんで見えるように表示する	
border-style：outset	枠の内側が凸突き出て見えるように表示する	

3) border-color プロパティ

書き方：border-color：値
意　味：枠線の色を指定します。
　色の指定は、英字、8進数、16進数などで指定できましたね。3-2-1項3)「color プロパティ」を復習してください。

4) border－width プロパティ

書き方：border－width：値

意　味：枠線の幅を指定します。ピクセルか％で指定できます。また、値として、thin（細い線）、medium（普通の線）、thick（太い線）という指定もできます。

5) border－radius プロパティ（CSS3）

書き方：border－radius：角の丸みの距離

意　味：ボックスに丸みをつけることができます。

```
―例―
        border-radius:30px;
```

6) box－shadow プロパティ（CSS3）

書き方：box　shadow：横方向の値 縦方向の値 ぼかす影の値 色名

意　味：ボックスに影をつけることができます。

```
―例―
   box-shadow:5px 5px 5px #333333;
```

3-5-2　マージンとパディングの設定　例題17（ファイル名：sample17.html）

例題16で作成したsample16.htmlをコピーして、sample17.htmlというファイル名に変更して始めましょう。

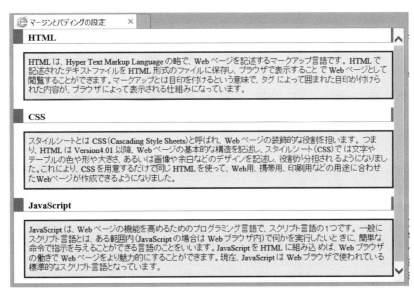

図3-5-3　マージンとパディングの設定

説明

```
<!DOCTYPE html>
<html lang="ja">
<head>
<meta charset="UTF-8">
<title> マージンとパディングの設定 </title>
<style>
body{
        margin:0;                                        ┐
}                                                        ├ body に指定しています
h3{                                                      ┘
        border-right:solid #ff0000 5px;                  ┐
        border-bottom:solid #ff0000 1px;                 ├ … 例題 16 と同じです
        border-left:solid #ff0000 20px;                  ┘
        padding-top:5px;
        padding-left:10px;
        margin:0;
}
p{
        background-color:#99ff99;                        ┐
        border:solid #333333 3px;                        ┘ … 例題 16 と同じです
        margin-left:20px;                                … 左余白（margin-left）を指定しています
        padding:8px;
}
</style>
</head>
<body> 〜 以下例題 16 と同じ
```

　この例題 17 では、3 つの段落の左側の余白が、20 ピクセルであることが分かります。

スタイル規則

　マージン（margin）とパディング（padding）の設定方法は、border プロパティと同様です。

1）margin プロパティ

書き方：margin：値

意　味：マージン（余白：margin）のスタイルを指定します。

①書き方の例

　　margin：20px　　　　　　　　（上下左右の余白が 20 ピクセル）

　　margin：20px 30px　　　　　　（上下余白が 20px、左右余白が 30px）

　　margin：20px 30px 40px　　　 （上余白が 20px、左右余白が 30px、下余白 40px）

　　margin：20px 30px 40px 50px　（上余白が 20px、右余白が 30px、下余白が 40px、左余白が 50px）

②次のような種類があります。

値	意味
margin：auto	余白を自動で設定する
margin：数値	余白を数値で表示する（px,cm,mm,in など）
margin：％	余白を割合で指定する

③ margin-top：値　margin-right：値　margin-bottom：値　margin-left：値
という形で、上下左右の余白の大きさを別々に指定することもできます。

2) padding プロパティ

書き方：margin を padding に変えるだけで、margin の文法と全く同じです。
意　味：パディング（padding）のスタイルを指定します。

3) パディングの指定

　パディングは、枠線（ボーダー）の内側の余白を指定します。そのため、パディングが指定されることで枠線の内側に余白が作られ、文章が見やすくなります。

① p 要素にパディングの指定がない場合　　　② p 要素にパディングの指定がある場合

ONE POINT ▶ ブラウザによる表示の違い

　padding や margin プロパティを指定しても、思い通りの結果にならない場合があります。使用するブラウザによって表示結果が微妙に異なるのです。同じブラウザでもバージョンにより異なった結果が表示されることもあります。これは、padding などの数値に関してのブラウザごとの解釈の違いによるものです。
　このような問題は、3-9 節レイアウトで段組みなどのレイアウトを組んだ時に影響が出やすく、width を調整したり、div 要素を入れるなど柔軟な工夫が求められます。

3-5-3 練習問題

練習問題 17-1：ボックスの影と丸み（ファイル名：ex171.html）

例題 17 で作成した sample 17.html をコピーして、使用します。

①段落 p に ｛border-radius:15px;｝ を指定して、段落のボックスの角を丸くしましょう。

②さらに、段落 p に ｛box-shadow：15px 15px 15px #333333；｝ を指定してみましょう。

図 3-5-4　ボックスの影と丸み

注）最新バージョンの CSS3 では、ボックス構造の角を丸くしたり、影をつけることができますが、古いブラウザでは表示できない場合もあります。

練習問題 17-2：ボックスのデザイン（ファイル名：ex.172.html）

例題 17 で作成した sample17.html を修正して作成しましょう。

① 見出し文字 h3 に指定した「HTML」「CSS」「JavaScript」の文字は、中央揃え（text-align:center）、背景色を #ffff00 にします。font-family を指定して、活字は Arial, sans-serif にします。3-2-4 項の 4) text-align プロパティを参照しましょう。

② p 要素の本文は、段落の枠線（ボーダー）を h3 要素の背景色と同色に指定します。

③ 3-5-2 項 2) padding プロパティを参照して、パディングを h3 要素に 5px、p 要素に 8px 程度指定して、文章を読みやすくしましょう。

④ body 要素の背景にも色が指定されています。#afeeee に指定しましょう。

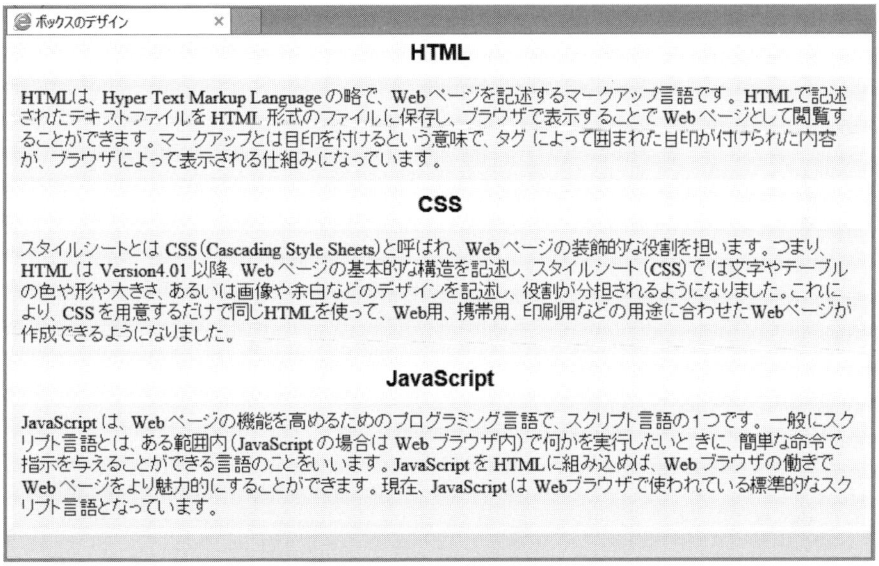

図 3-5-5　ボックスのデザイン

ONE POINT ▶ 要素が隣り合う場合のマージンの設定

要素が隣り合う場合のマージンは相殺され大きいほうが指定されます。
例えば、コンテンツ A の下にコンテンツ B が位置している場合、コンテンツ A の margin-bottom：10px コンテンツ B の margin-top：30px と指定すると、二つのコンテンツの間のマージンは大きいほう 30px が取られます。

3-6 ◆ テーブルのデザイン

3-6-1 セル内の文字の位置揃え　例題18（ファイル名：sample18.html）

2-4-3項の練習問題4-1のex41.htmlを再利用します。テーブルやセルの大きさの指定や、セル内の文字の位置揃えの練習をしましょう。

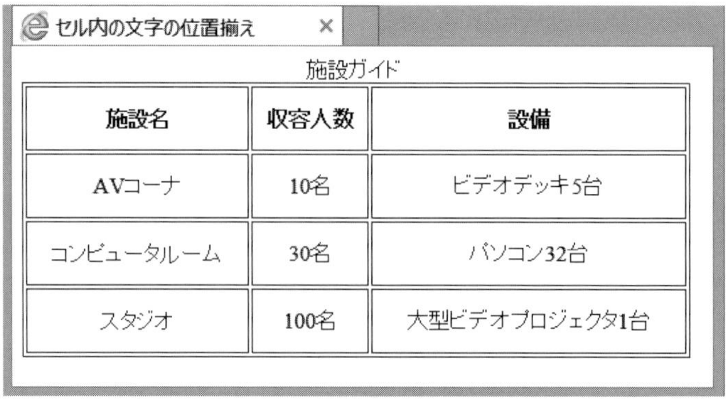

図3-6-1　セル内の文字の位置揃え

説明

```
<html lang="ja">
<head>
<title> セル内の文字の位置揃え </title>
<style>
table{                          … テーブルのスタイル規則です
      height:200px;             … テーブルの高さを200ピクセルにします
      width:500px;              … テーブルの幅を500ピクセルにします
}
td{
      text-align:center;        … セル内の文字を中央揃えにします
}
</style>
</head>
～　テーブルのソースコードの表示は省略します
```

1) テーブルのスタイル規則で、テーブルの高さと幅を指定しています。
2) セルの中のデータは何も指定しなければ（つまりデフォルトでは）、th要素は中央に、td要素は左側に表示されます。この例題のように、td要素をセルの中央に表示したい時などは、text-alignプロパティを利用します。

スタイル規則

1) text-align プロパティ

書き方：text-align：値

意　味：セル内の文字列の行揃えを指定します。th 要素や td 要素に指定できます。

①次のような指定ができます。

値	意味
text-align：left	文字列を左側に配置します
text-align：right	文字列を右側に配置します
text-align：center	文字列を中央に配置します

2) width プロパティ、height プロパティ

書き方：width：値　　height：値

意　味：テーブルやセルの大きさを指定します。table 要素や th 要素や td 要素に指定できます。

①次のように指定ができます。

値	意味
height：数値	高さを絶対値で指定します（px, pt, cm, mm, in, em など）
height：％	高さを相対値で指定します
width：数値	横幅を絶対値で指定します（px, pt, cm, mm, in, em など）
width：％	横幅を相対値で指定します

②この例題では、height を 200px、width を 500px に指定して、テーブル全体の大きさを指定しています。その他、th 要素や td 要素に指定して、ヘッダーやセルの高さや幅を指定することもできます。

3) vertical-align プロパティ

書き方：vertical-align：値

意　味：文字列の縦方向の位置揃えをします。th 要素や td 要素に指定できます。

①次のような指定ができます。

値	意味
vertical-align：top	文字列を上部に配置します
vertical-align：middle	文字列を中央に配置します
vertical-align：bottom	文字列を下部に配置します

3-6-2 セル内の文字の配置　例題19（ファイル名：sample19.html）

引き続き、例題18のsample18.htmlを利用して作成します。class名をつけることで、それぞれのセルの配置を指定できます。

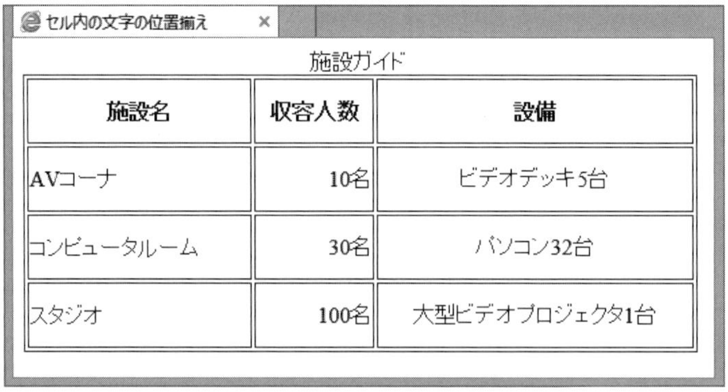

図3-6-2　セル内の文字の配置

説明

```
<html lang="ja">
<head>
<title> セル内の文字の位置揃え </title>
<style>
table{
        height:200px;                   … テーブルの高さと幅を指定します。
        width:500px;
        }
td.text1{
        text-align:right;               … td に text1 というクラス名をつけて右揃えにします
        }
td.text2{
        text-align:center;              … td に text2 というクラス名をつけて中央揃えにします
        }
</style>
</head>
<body>
<table border="1">
<caption> 施設ガイド </caption>          … テーブルの表題です
<tr>                                    … 1行目を指定します
        <th> 施設名 </th>                … テーブルの見出しを指定します
        <th> 収容人数 </th>
        <th> 設備 </th>
</tr>
<tr>                                    … 2行目を指定します
        <td>AV コーナ </td>
        <td class="text1">10 名 </td>        … クラス名（text1）を指定しています
```

```
            <td class="text2"> ビデオデッキ 5 台 </td>    … クラス名(text2)を指定しています
        </tr>
        <tr>                                              … 3 行目を指定します
            <td> コンピュータルーム </td>                  … テーブルのセルを指定します
            <td class="text1">30 名 </td>
            <td class="text2"> パソコン 32 台 </td>
        </tr>
以下略
```

1) 例題 18 では、td 要素をまとめて中央揃えに指定しましたが、例題 19 では、td 要素ごとに文字の配置を指定しています。
2) 「10 名」「30 名」「100 名」の部分の td 要素には「text1」という class 名をつけて、右揃えを指定しています。
3) 「ビデオデッキ 5 台」「パソコン 32 台」「大型ビデオプロジェクタ 1 台」の部分の td 要素には「text2」という class 名をつけて、中央揃えを指定しています。
4) td 要素の配置のデフォルトは左揃えですから、表の左側の列は指定不要です。また、th 要素の配置のデフォルトは中央揃えですから、これも指定は不要ですね。

ONE POINT ▶ index.html とは

総合練習問題の「basic」フォルダー内に index.html というファイルを作成しましたね。「basic」フォルダーは、1 つの Web サイトとして作成されています。この場合、サイトを開いたときに最初に表示されるファイル名を index.html とするのです。

例えば、http://www.doyukan.co.jp/index.html とブラウザの URL 欄に入力すると、株式会社同友館の Web サイトが表示されます。最初に開くページ、つまりトップページを index.html という名前にしておくことで、http://www.doyukan.co.jp/ だけを入力しても、ほとんどのブラウザは自動的に index という名前のファイルをみつけて表示してくれるのです（サーバーによって多少の違いはあります）。2-6-1 項で、「sample6」フォルダー内の ex53.html を index.html に変更しているのは、そういう理由からなのです。

3-6-3 ボーダーと背景色　例題20（ファイル名：sample20.html）

テーブルやセルの枠の形や色、背景色を指定する練習をしましょう。この例題も sample18.html を変更しましょう。

図3-6-3　ボーダーと背景色

説明

```
<html lang="ja">
<head>
<title> ボーダーと背景色 </title>
<style>
table{
      height:200px;
      width:500px;
      border:solid red 5px;           … 4つの枠線を実線、赤、5ピクセルにします
      background-color:#ffff00;       … テーブルの背景色を黄色に指定します
      }
caption{
      color:green;                    … テーブルの表題の文字を緑にします
      }
th{
      border:solid pink 3px;          … テーブルの見出しの枠線を実線、ピンク、3pxにします
      background-color:#ddff00;       … テーブルの見出しの背景色を#ddff00に指定します
      height:10%;                     … テーブルの見出しの高さを指定しています
      }
td{
      text-align:center;              … セル内の行揃えを中央揃えにします
      border:orange dotted 3px;       … セルの枠線を点線、オレンジ3pxに指定しています
      height:30%;                     … セルの高さを指定しています
      }
</style>
</head>
<body>
以下略
```

（例題18と同じです）

1) テーブルのスタイル規則で、table 要素の border プロパティの値を solid（実線）、red（赤）に指定しています。これにより、表全体の周りに実線の赤い枠ができています。
2) caption 要素では、表題（caption）の文字を green（緑）に指定しています。
3) th 要素（テーブルの見出し）の枠線を実線、ピンク、3px に指定しています。
4) td 要素（テーブルのセル）では、セル内の行揃えを中央揃えにして、枠線を点線、オレンジ、3px に指定しています。

スタイル規則

1) border プロパティ

書き方：border：border-style の値　border-color の値　border-width の値；
意　味：テーブルやセルの枠（ボーダー）のデザインを指定します。

　この方法は、border の style と color と width などを、一度に指定できます。書き方や種類は、3-5-1 項「ボーダーの設定」を参照してください。

2) border-style プロパティ

書き方：border-style：値
意　味：テーブルやセルの枠（ボーダー）のスタイルを指定します。
　書き方や種類は、3-5-1 項「ボーダーの設定」を参照ください。

3) border-color プロパティ

書き方：border-color：値
意　味：テーブルやセルの枠（ボーダー）の枠線の色を指定します。
　書き方や種類は、3-5-1 項「ボーダーの設定」を参照ください。

4) border-width プロパティ

書き方：border-width：値
意　味：テーブルやセルの枠（ボーダー）の枠線の太さを指定します。
　書き方や種類は、3-5-1 項「ボーダーの設定」を参照ください。

5) background-color プロパティ

書き方：background-color：値
意　味：背景色を指定するプロパティです。このプロパティをテーブルやセルに指定すると、色が付いて見やすくなります。すなわち、table 要素、th 要素、tr 要素、td 要素に指定すると、表に背景色を付けることができます。色の指定方法は、英字、10 進数、16 進数など文字の色と同じです。3-2-1 項 3)「color プロパティ」を参照してください。

6) background-image プロパティ

書き方：background-image：URL（"画像ファイル名"）
意　味：背景画像を指定するプロパティです。このプロパティを table 要素、th 要素、tr 要素、td 要素に指定すると、表の背景に画像を設定することができます。

3-6-4 ボーダーの統合　例題21（ファイル名：sample21.html）

テーブルのボーダーを統合しましょう。2-4-1節例題4のsample4.htmlをコピーして、ファイル名をsample21.htmlに変更して始めましょう。

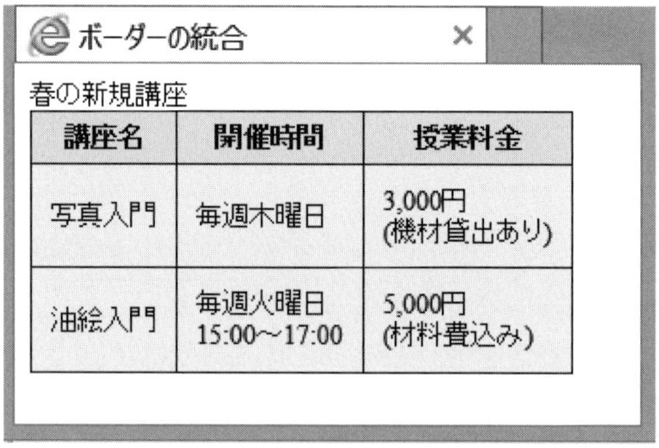

図3-6-4　ボーダーの統合

説明

```
<html lang="ja">
<head>
<head>
<title> ボーダーの統合 </title>
<style>
table{
      border:solid #330000 1px;
      font-size:14px;
      font-color:#444444;
      background-color:#ccffcc;
      border-collapse:collapse;           … テーブルのボーダーを統合しています
      }
caption{
      text-align:left;
      color:#330000;                      … テーブルの表題の文字の色と位置を指定します
      }
th{
      border:solid #330000 1px;
      padding:5px;                        … テーブルの見出しにpaddingを指定しています
      background-color:#99ff99;
      border-collapse:collapse;           … テーブルのボーダーを統合しています
      }
td{
      border:solid #330000 1px;
      padding:10px;                       … テーブルのセルにpaddingを指定しています
      border-collapse:collapse;           … テーブルのセルのボーダーを統合しています
      }
</style>
</head>
以下略
```

スタイル規則
1) border-collapse プロパティ

書き方：border-collapse：値

意　味：セルの枠線を統合し１本の線として表示します。次のような指定ができます。

値	意味
border-collapse：collapse	隣り合うセルの枠線を重ねて表示させる
border-collapse：separate	隣り合うセルの枠線を分離して表示させる

3-6-5　練習問題

練習問題 20-1：テーブル・セルの装飾（ファイル名：ex201.html）

テーブルの装飾の練習をしましょう。「border-collapse プロパティ」を参照してください。

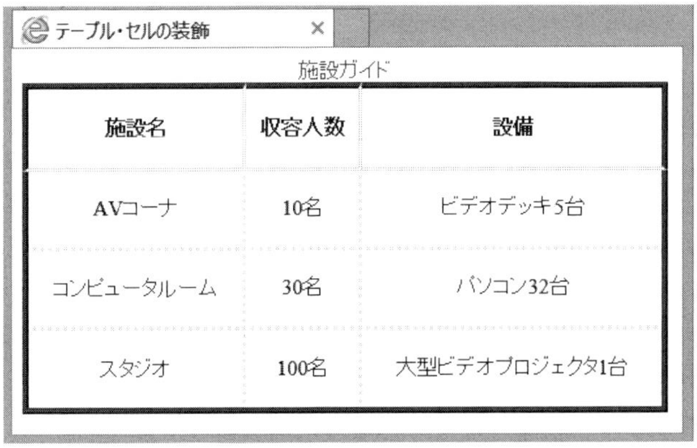

図 3-6-5　テーブル・セルの装飾

（注）border-collapse については、ブラウザによって表示が異なります。枠線を統合すると線の太さや種類によって優先されるスタイルに違いがでることがあります。

ヒント

テーブルの高さ：height 200px　幅 width 500px

テーブルのボーダー：ridge　ブルー　5px

テーブルの表題：青

テーブルの見出しの枠線：二重線　ライム　3px

テーブルのデータ（セル）：中央揃え

テーブルのデータ（セル）のボーダー：点線　アクア　3px

練習問題 21-1：セルの背景（ファイル名：ex211.html）

①練習問題 20-1（ex201.html）や例題 21（sample21.html）をもとに、自由な色でテーブルを作成しましょう。ファイル名は、ex211.html とします。

②th 要素には画像が指定されています。画像は stripe.gif を利用します。同友館サイトからダウンロードしてください。画像の指定は、例題 15 のスタイル規則を参照してください。

③テーブルの高さを、200px から 150px に変更しています。

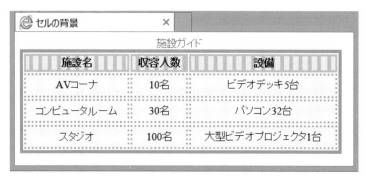

図 3-6-6　テーブルの背景

ヒント

th{background-image:url("image/stripe.gif");}
th 要素の背景画像は、image フォルダー内の stripe.gif を指定しています。

3-7 ◆ 配置のデザイン

3-7-1 テキストの回り込みと解除　例題 22（ファイル名：sample22.html）

　画像の横にテキストが回り込む練習をしましょう。この例題では、Web ページの左側に画像を配置し、画像の右側にテキストが回り込む形になっています。テキストは 2 つの段落からできています。

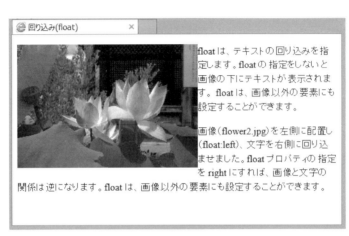

図 3-7-1　回り込み（float）

説明

```
<html>
<head>
<title> 回り込み (float) </title>
<style>                          … スタイル規則です
img{
    height:200px;                … 画像の高さを指定します
    float:left;                  … 画像を左側に配置します
}
p.text1{
    line-height:140%;            … 行間隔を 140％（基準文字の大きさに対して）とします
}
p.text2{
    line-height:140%;            … 行間隔を 140％（基準文字の大きさに対して）とします
}
</style>
</head>
<body>
<p class="text1">                … 1 つ目の段落を指定します
<img src="image/flower2.jpg">    … image フォルダー内の flower2.jpg を指定します
float は、テキストの回り込みを指定します。float の指定をしないと画像の下にテキストが表示されます。
```

```
float は、画像以外の要素にも設定することができます。
</p>
<p class="text2">            …  2つ目の段落を指定します
画像（flower2.gif）を左側に配置し（float:left）、文字を右側に回り込ませました。float プロパティの指定を
right にすれば、画像と文字の関係は逆になります。float は、画像以外の要素にも設定することができます。
</p>
</body>
</html>
```

スタイル規則
1) float プロパティ

書き方：float：値

意　味：テキストの回り込みを指定するプロパティです。画像などの配置を指定できます。画像以
　　　　外の要素に指定することもできます。

次のような方法があります。

値	意味
float：left	要素（ここでは画像）を左側に配置し、テキストの回り込みを指定します
float：right	要素（ここでは画像）を右側に配置し、テキストの回り込みを指定します
float：none	要素（ここでは画像）に配置を指定しない（初期値）

2) clear プロパティ

書き方：clear：値

意　味：clear は、テキストの回り込みを解除します。

次のような方法があります。

値	意味
clear：left	左側の画像に対して、テキストの回り込みを解除します
clear：right	右側の画像に対して、テキストの回り込みを解除します
clear：both	左右の画像に対して、テキストの回り込みを解除します
clear：none	標準に表示します

clear プロパティについては、練習問題 22-1 で練習します。

練習問題 22-1：回り込み（clear）（ファイル名：ex221.html）

画像横のテキストの回り込みを解除する練習をしましょう。この問題では、Webページの右側に画像を配置し、画像の左側にテキストが回り込む形になっています。テキストは2つの段落からできていますが、2つ目の段落のテキストの回り込みを止めてみましょう。
例えば、p.text2 {clear:right;} などとします。

図 3-7-2　回り込み（clear）

（注）画面のサイズを少し小さくすると、回り込みが解除されていることを確認できます。

3-8 ◆ 外部ファイルのデザイン

3-8-1 外部スタイルシートの取り込み　例題23（ファイル名：abc.html、keiei.html、hoh.html、design.css　フォルダー名：sample23）

まず、「sample23」という名前のフォルダーを作成しましょう。次の4つのファイルを作成し、そのフォルダーに保存してください。

　　　ファイル名：design.css　abc.html　keiei.html　hoh.html

図をよく見て関係を理解しましょう。

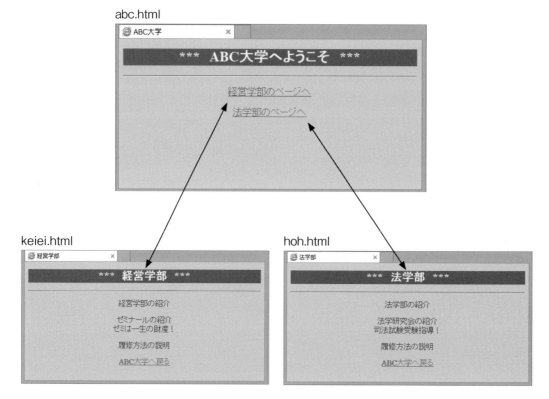

図3-8-1　外部スタイルシートの取り込み

説明

1) スタイルのデザイン（ファイル名：design.css）

```
@charset "UTF-8";
body{
    background-color:lightgreen;      … 背景色を黄緑色（lightgreen）に指定します
}
h1{
    font-size:x-large;                … 文字を大きくしています
    color:white;                      … 文字色を白（white）にして、
    background-color:royalblue;       … 文字の背景色をロイヤルブルーにして、
    text-align:center;                … 中央揃えにしています
}
p{
    color:blue;                       … 文字色を青（blue）にして、
    text-align:center;                … 中央揃えにしています
}
a:link{
    color:#008000;                    … 通常（未訪問）リンクの文字色
}
a:visited{
    color:#ff0000;                    … 既読（訪問済み）リンクの文字色
}
a:hover{
    color:#00ffff;                    … マウスでポイントした状態の文字色
}
```

①名前を付けて保存します。この時の拡張子は、css とし、フォルダー「sample23」に、ファイル名：design.css という名前で保存してください。

②a 要素には、以下の擬似クラスを指定することができ、擬似クラスは、コロン（:）で記述します。リンクの色が変わることを確認しましょう。3-1-3 項 2) 擬似クラスを参照してください。

③1 行目の「@charset "UTF-8";」は外部スタイルシートの文字コードの指定です。

2) ABC 大学の HTML ソースコード（ファイル名：abc.html）

```
<html>
<head>
<title>ABC 大学 </title>
<link rel="stylesheet" href="design.css" type="text/css">    … design.css にリンクして
</head>                                                          スタイルを参照します
<body>
<h1> ＊＊＊　ABC 大学へようこそ　＊＊＊ </h1>
<hr>
<p><a href="keiei.html"> 経営学部のページへ </a></p>    … keiei.html にリンクします
<p><a href="hoh.html"> 法学部のページへ </a></p>        … hoh.html にリンクします
</body>
</html>
```

説明

① <link rel="stylesheet" href="design.css" type="text/css">

ABC 大学のページから、既に保存したスタイルシート（design.css）を参照しています。3-1-2項1)「スタイル規則の記述場所」で説明した③方法3：ページ間スタイルシート<外部スタイル>を読み込む方法を理解しましょう。

② <h1>＊＊＊ABC 大学へようこそ＊＊＊</h1>

外部のスタイルシート（design.css）を参照するので、<h1> で指定した文字は白になり、背景色はロイヤルブルー、文字列は中央揃えになります。

3) 経営学部の HTML ソースコード（ファイル名：keiei.html）

```
<html>
<head>
<title> 経営学部 </title>
<link rel="stylesheet" href="design.css" type="text/css">    … design.css にリンクして
</head>                                                          スタイルを参照します
<body>
<h1> ＊＊＊　経営学部　＊＊＊ </h1>
<hr>
<p> 経営学部の紹介 </p>
<p> ゼミナールの紹介 <br>
ゼミは一生の財産！ </p>
<p> 履修方法の説明 </p>
<p><a href="abc.html">ABC 大学へ戻る </a></p>                  … abc.html に戻ります
</body>
</html>
```

説明

① <link rel="stylesheet" href="design.css" type="text/css">

経営学部のページでも、ABC 大学のページと同じスタイルシート(design.css)を参照します。

ONE POINT ▶ リンクの下線を消す

リンクテキストの下線を消したい場合は、a{text-decoration:none;} と記述します。
リンクの下線は表示させるが、マウスでポイントしたときに下線を消す場合は、
a:hover{text-decoration:none;} と記述します。
　a:hover のソースコードを次のように書き直してみると結果を確認できます。

```
a:hover{
    color:#00ffff;
    text-decoration:none;
}
```

3-8-2　練習問題

練習問題 23-1：法学部（ファイル名：hoh.html　フォルダー名：sample23）

図 3-8-1 を見ながら、法学部のページ（ファイル名：hoh.html）をフォルダー sample23 に追加しましょう。経営学部のページと、同じように作成します。

練習問題 23-2：外部スタイルシートの取り込み（ファイル名：index.html、sample4.html、ex41.html、ex42.html、design.css　フォルダー名：sample6-css）

1) 2-6 節で作成した「sample6」フォルダーをコピーして使用します。まず、例題 23 で作成した「sample23」フォルダー内の design.css をコピーして、「sample6-css」フォルダーに保存します。
2) index.html, sample4.html, ex41.html, ex42.html の 4 つのソースコードのそれぞれの <head> 内に、次のように追記してから、各ファイルをそれぞれ上書き保存しましょう。これで 3 つのそれぞれのファイルから design.css が参照できるようになります。

<link rel="stylesheet" href="design.css" type="text/css">

3) 例題 23 の design.css をそのまま適用しましたが、適宜修正しましょう。
4) 完成例を示しますが、h1、h2、h3、p、ul、li、a:link などのフォントや色の指定を自由に変更しましょう。margin なども工夫してみましょう。

index.html

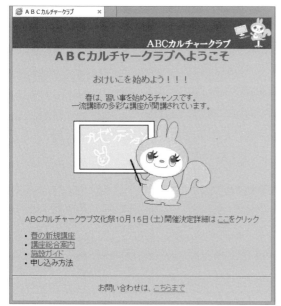

sample4.html

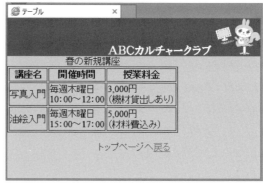

ex42.html

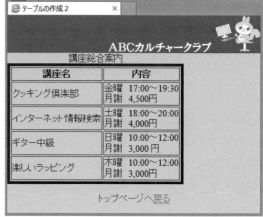

ex41.html

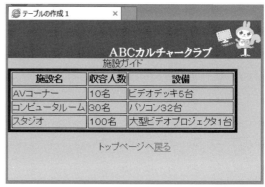

図3-8-2　外部スタイルシートの取り込み

修正例

```css
@charset "UTF-8";
body{
background-color:lightgreen;
margin:auto;
}
h1{
font-size:20px;
font-family:HGP創英ﾌﾟﾚｾﾞﾝｽ EB,cursive;
color:white;
background-color:royalblue;
text-align:right;
margin:0px;
padding-left:0px;
}
h2{
color:red;
font-family: メイリオ ,sans-serif;
padding:10px;
text-align:center;
margin:0px;
padding:0px;
}
h3{
color:red;
text-align:center;
}
p{
color:blue;
text-align:center;
}
a:link{
color:#008000;
}
a:visited{
color:#ff0000;
}
a:hover:
color:#00ffff;
}
```

（注）margin や padding の設定などは、使用するブラウザによって表示が異なることがありますから、適宜変更して、結果を確かめましょう。

3-9 ◆ レイアウト

3-9-1　段組み　例題24（ファイル名：sample24.html　style.css　フォルダー名：sample24）

次のようなレイアウトを作成してみましょう。sample24 フォルダーを作成し、3-5-3項練習問題 17-2で作成した ex172.html をコピーして使用しましょう。

図 3-9-1　段組み

（注）以前のバージョンである HTML4 では、divタグを使ってブロック分けを行っていましたが、HTML5 では、header、article、nav、section、footer などのタグを使用することができるようになり、一層レイアウト構造の意味が明確になっています。

本文			body		
ページ			div id="page"		
ヘッダー			header		
ナビゲーション	記事		nav	article	
	セクション			section	
	セクション			section	
フッター			footer		

（注）古いバージョンのブラウザでは HTML5 で追加されたタグを使うと、うまく表示されないことがあります。その場合には header, nav, article, section, footer の代わりに <div> と id 名を使用します。div 要素は <div id="page"> のようにコンテンツをグループ化するときに利用します。

(1) HTML ソースコード（ファイル名：sample24.html）

網掛けで示した部分を修正しましょう。（注）

```html
<!DOCTYPE html>
<html lang="ja">
<head>
<meta charset="UTF-8">
<title> レイアウト </title>
<link rel="stylesheet" href="style.css" type="text/css">
</head>
<body>
<div id="page">
<header><h1>Web プログラミング </h1></header>
<nav>
<ul>
<li>HTML</li>
<li>CSS（スタイルシート）</li>
<li>JavaScript</li>
</ul>
</nav>
<article>
<section>
<h3>HTML</h3>
<p>HTML は、Hyper Text Markup Language の略で、Web ページを記述するマークアップ言語です。HTML で記述されたテキストファイルを HTML 形式のファイルに保存し、ブラウザで表示することで Web ページとして閲覧することができます。マークアップとは目印を付けるという意味で、タグ によって囲まれた目印が付けられた内容が、ブラウザによって表示される仕組みになっています。</p>
</section>
（中略）
<section>
<h3>JavaScript</h3>
<p>JavaScript は、Web ページの機能を高めるためのプログラミング言語で、スクリプト言語の 1 つです。一般にスクリプト言語とは、ある範囲内（JavaScript の場合は Web ブラウザ内）で何かを実行したいときに、簡単な命令で指示を与えることができる言語のことをいいます。JavaScript を HTML に組み込めば、Web ブラウザの働きで Web ページをより魅力的にすることができます。現在、JavaScript は Web ブラウザで使われている標準的なスクリプト言語となっています。</p>
</section>
</article>
<footer><address>licensed under abc university</address></footer>
</div>
</body>
</html>
```

（注）この例題では、<!DOCTYPE html>、<meta charset="UTF-8">、<html lang="ja"> を記述しています。

(2) スタイルのデザイン（ファイル名：style.css）

以下を参考に作成しましょう。

```css
@charset "UTF-8";
body{
        background-color:#afeeee;
                }
#page{
        width:680px;
        margin:0;
        padding:0;
        }
h1{
        background-color:#000000;
        color:#ffff00;
        font-size:x-large;
        margin:0;
        padding-top:30px;
        padding-left:30px;
        }
nav{
        background-color:#ff0000;
        color:white;
        width:180px;
        height:350px;
        float:left;
        }
ul{
        list-style-type:none;
        font-size:12px;
        font-family:Arial,"ＭＳ ゴシック",sans-serif;
        }
article{
        background-color:#f0f0f0;
        width:500px;
        height:350px;
        float:right;
        }
footer{
        clear:both;
        background-color:#000000;
        color:#ffffff;
        width:680px;
        height:50px;
        }
h3{
        font-size:20px;
        font-family:Arial,"ＭＳ ゴシック",sans-serif;
        text-align:center;
        background-color:#ffff00;
        padding-top:5px;
        padding-left:5px;
        margin-bottom:0;
        margin-top:0;
        }
p{
        font-size:12px;
        background-color:#f0f0f0;
        padding:5px;
        margin-top:0;
        margin-bottom:0;
        }
```

- body のスタイル
- div ID 名 page のスタイル
- 見出し文字 h1 のスタイル
- nav のスタイル
- リストのスタイル
- article のスタイル
- footer のスタイル
- 見出し文字 h3 のスタイル
- 段落のスタイル

3-9-2 練習問題

練習問題 24-1：段組み（フォルダー名：ex241）

sample24 フォルダーをコピーしてフォルダー「ex241」を作成しましょう。フォルダー内のファイル名はそのままでよいです。

1) p に class 名をつけて、背景色をそれぞれ変更してみましょう。ソースコード例（CSS ファイルに追加しましょう）

  p.section1{backround-color:lime;}
  p.section2{backround-color:silver;}
  p.section3{backround-color:grey;}

2) HTML ソースコードの各文章の <p> タグにクラス名をつける。例えば、以下のように修正します。

  <p class="section1"> HTML は Hypertext Markup Language の略で ....

総合練習問題 5（ファイル名：style.css index.html bridge.html tower.html schedule.html　フォルダー名：basic2）

第2章で作成したファイルを使用します。「basic2」フォルダーにコピーして使用しましょう。新しく外部 CSS ファイルを作成し各 HTML ファイルを修正して、Web ページをトータル的にデザインしていきます。ファイル名 style.css は basic2 フォルダー内の css フォルダーに保存しましょう。ソースコードを参考にして自由に作成してみましょう。

css では、回り込みを使って段組みのレイアウトを作成することができます。3-7 節で学んだ float プロパティを使います。HTML の内容を header、nav、article、footer などブロックに分けて CSS で段組みを作成します。段組みを固定するため、一部 div 要素も使っています。

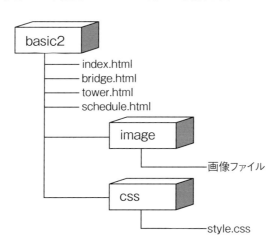

ファイル名：index.html

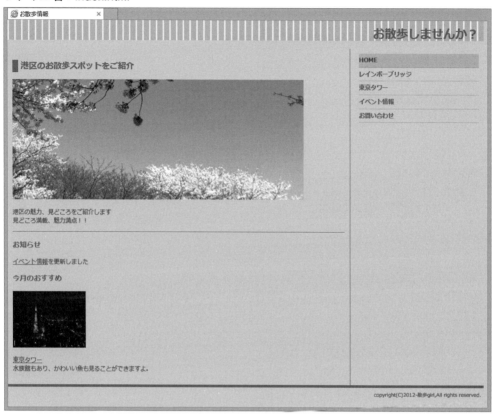

ファイル名：bridge.html

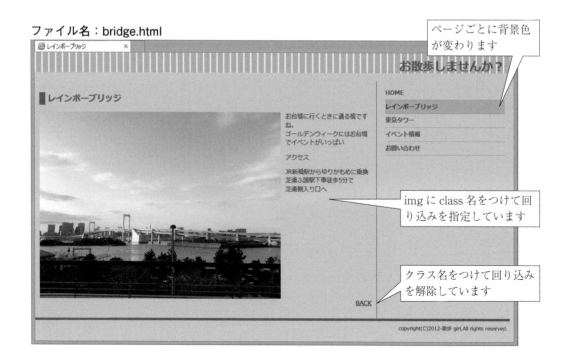

ファイル名：tower.html

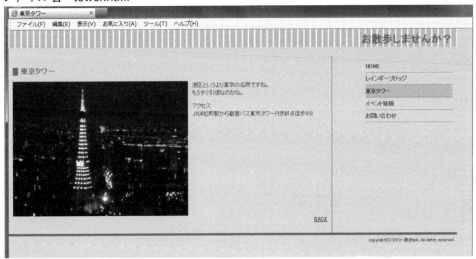

ファイル名：schedule.html

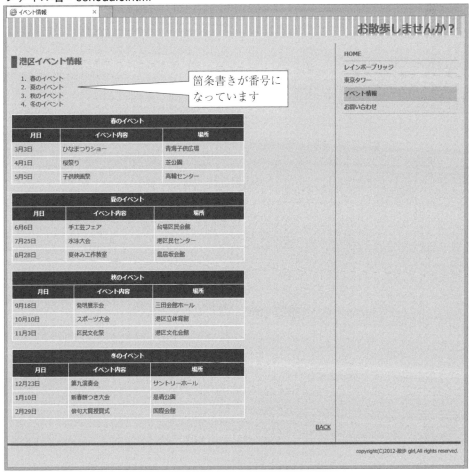

図3-9-2　お散歩情報（総合練習問題5）

(1) HTML ソースコード(ファイル名:index.html)

```html
<!DOCTYPE html>
<html lang="ja">
<head>
        <meta charset="UTF-8">
        <meta name="description" content=" 港区のお散歩情報。素敵な場所をたくさん紹介しています。">
        <meta name="keywords" content=" 港区 , お散歩 , 東京タワー , レインボーブリッジ ">
        <link rel="stylesheet" type="text/css" href="css/style.css">
        <title> お散歩情報 </title>
</head>
<body>
<div id="page">
<header>
<h1> お散歩しませんか? </h1>                                    ┐ header
</header>
<article>                                                      ┐
<h2> 港区のお散歩スポットをご紹介 </h2>
<img src="image/main_photo.jpg" width="600" height="240">
<p> 港区の魅力、見どころをご紹介します
<br> 見どころ満載、魅力満点!! </p>
<hr>
<h3> お知らせ </h3>                                            │ article
<p><a href="schedule.html"> イベント情報 </a> を更新しました </p>
<h3> 今月のおすすめ </h3>
        <p><a href="tower.html"><img src="image/tower1.jpg" width="150"></a></p>
        <p><a href="tower.html"> 東京タワー </a><br>
        水族館もあり、かわいい魚も見ることができますよ。</p>
</article>                                                     ┘
<nav>                                                          ┐
<ul>
        <li class="select">HOME</li>
        <li><a href="bridge.html"> レインボーブリッジ </a></li>
        <li><a href="tower.html"> 東京タワー </a></li>         │ nav
        <li><a href="schedule.html"> イベント情報 </a></li>
        <li><a href="mailto:info@minato.xxx"> お問い合わせ </a></li>
</ul>
</nav>                                                         ┘
<footer><small>copyright(C)2012- 散歩 girl,All rights reserved.</small></footer>  ┐ footer
</div>
</body>
</html>
```

(注)<meta> 要素については、2-1-3 項 3)を参照してください。

(2) スタイルのデザイン（ファイル名：style.css）

```css
@charset "UTF-8";
body{
        color:#665146;
        font-size:12px;
        font-family:sans-serif;
        background-color:#9be8da;
        margin:0;
        padding:0;
}
#page{
        width:980px;
}
header h1{
        background-image:url(../image/wall.gif);
        background-repeat:repeat-x;
        color:#b55c29;
        font-size:200%;
        text-align:right;
        margin:0;
        padding:10px;
}
h2{
        color:#b55c29;
        font-size:140%;
        border-left:12px solid #b55c29;
        padding-left:5px;
        margin-left:0;
        }
h3{
        color:#976b38;
        font-weight:bold;
        font-size:120%;
        }
p{
        line-height:140%;
}
nav ul{
        margin:0;
        padding:0;
        list-style-type:none;
}
nav li{
        margin:0;
        padding:0;
        font-weight:bold;
        line-height:220%;
        border-bottom:1px dotted #b55c29;
}
nav a{
        text-decoration:none;
        display:block;
        width:100%;
        color:#b55c29;
```

body のスタイル
マージンとパディングは 0（0 は単位を省略できる）
文字色、文字サイズの指定
活字をゴシック系に指定
背景色の指定

header h1 のスタイル
背景画像の指定　style.css ファイルは css フォルダを作り、その中に保存します。../ でパスの指定をしています。
背景画像を横に繰り返す
文字色、文字サイズ、文字位置の指定
マージン 0、パディング 10px

h2 のスタイル
文字色、文字サイズ、左ボーダーの指定
パディング 5px、マージン左 0

h3 のスタイル
文字色、太字、文字サイズの指定

p のスタイル
行間隔 140%

nav ul のスタイル
マージン 0、パディング 0
リストマークを表示しない

nav li のスタイル
マージン 0、パディング 0
太字
行間隔 220%
下ボーダーの指定

nav a のスタイル
リンクの下線を表示させない
幅の指定 100%
文字色の指定

```
}
nav a:hover{
        background-color:#ffffff;
}
.select{
        background-color:#cccc66;
}
article{
        float:left;
        border-right:1px solid #b55c29;
        width:70%;
        padding:10px;
}
nav{
        float:right;
        width:25%;
        padding:10px;
}
.photo{
        float:left;
        margin-right:10px;
}
.side{
        clear:both;
        text-align:right;
}
footer{
        clear:both;
        text-align:right;
        border-top:5px solid #b55c29;
        padding:5px;
}
table{
        border-collapse:collapse;
        border:1px solid #ffffff;
        width:500px;
}
th{
        color:#ffffff;
        font-size:12px;
        background-color:#665146;
        border:1px solid #ffffff;
        padding:5px;
}
td{
        border:1px solid #ffffff;
        padding:5px;
        font-size:12px;
}
```

nav a のマウスを上に乗せた時の背景色の指定 3-1-3項参照	
クラス名 select のスタイル 背景色の指定	
article のスタイル 左に回り込む 右ボーダーの指定 幅70%　パディング(上下左右)10px	
nav のスタイル 右に回り込む 幅25%　パディング(上下左右)10px	
クラス名 photo のスタイル 左に回り込む　右マージン10px	
クラス名 side のスタイル 回り込みの解除　文字の右揃え	
footer のスタイル 回り込みの解除　文字の右揃え 上ボーダーの指定 パディング 5px	
table のスタイル ボーダー(枠線)の統合 ボーダーの指定 幅 500px	
th(表の見出し)のスタイル 文字色、文字サイズ、背景色の指定 ボーダーの指定 パディング(上下左右)5px	
th(表のデータ)のスタイル ボーダーの指定 パディング(上下左右)5px 文字サイズの指定	

ヒント
1)クラス名 select

```
index.html
<li class="select">HOME</li>
```

```
style.css
.select{
    background-color:#cccc66;
}
```

index.html では「HOME」の文字にクラス名がつきますが、bridge.html や tower.html や schedule.html の場合は、クラス名をつける位置が変わります。class 名は、css ではドット(.)がつきます。

2)クラス名 photo

```
bridge.html
<img class="photo" src="image/tower1.jpg">

<p class="side">BACK</p>
```

```
style.css
.photo{
    float:left;
}
.side{
    clear:both;
    text-align:right;
}
```

img 要素に photo というクラス名をつけて、画像を左に回り込ませています。解除する p 要素に side というクラス名をつけることで、回り込みが解除されます。tower.html や schedule.html も同様に修正しましょう。

第4章

JavaScript

- **4**-1 JavaScript とは
- **4**-2 基本メソッド
- **4**-3 変数
- **4**-4 演算子
- **4**-5 条件分岐
- **4**-6 繰返し
- **4**-7 プロパティ
- **4**-8 関数（ユーザー定義関数）
- **4**-9 form オブジェクト
- **4**-10 イベントハンドラー
- **4**-11 window オブジェクトの操作
- **4**-12 組み込みオブジェクト

演習 Web プログラミング入門

4-1 ◆ JavaScript とは

1) スクリプト言語

　JavaScript は、Web ページの機能を高めるためのプログラミング言語で、スクリプト言語の 1 つです。一般にスクリプト言語とは、ある範囲内（JavaScript の場合は Web ブラウザ内）で何かを実行したいときに、簡単な命令で指示を与えることができる言語のことを言います。JavaScript を HTML に組み込めば、Web ブラウザの働きで Web ページをより魅力的にすることができます。現在、JavaScript は Web ブラウザで使われている標準的なスクリプト言語となっています。

2) JavaScript の機能

①既に学習したように HTML は Web ページを作成するための言語で、文字や絵や写真などを表示することはできますが、あくまで表示するだけで動きがありません。ところが JavaScript を使えば、簡単な指示を HTML に組み込むだけで、Web ブラウザに命令を与えることができ、動きのある Web ページを作成できます。動きとは、例えば時刻を表示させたり、文字の表示を変更したり、マウス操作で背景の色や画像をさしかえたりすることなどです。

②プログラミング言語には、JavaScript 言語と似ている名前の Java 言語がありますが、両者は開発された目的や機能が違い、言語体系が異なります。Java 言語は汎用プログラミング言語（汎用：何にでも使える）として開発され、最近はスマートフォンなどの製品に応用されています。これに対して、JavaScript 言語は主に Web ページの中に組み込まれ、ブラウザの機能を拡張する言語として使われ、近年特に注目されています。

4-1-1　JavaScript の書式

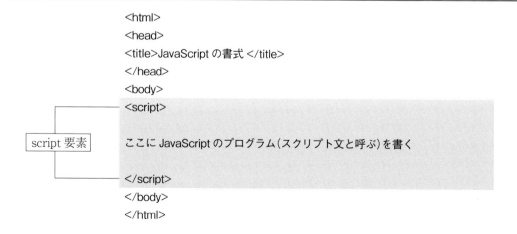

<script>と</script>の2つのタグ（以降 script 要素と呼ぶ）の間に、JavaScript のプログラム（スクリプト文）を書きます。ブラウザは script 要素を見つけると、そこに書かれたスクリプトを実行します。script 要素は、HTML の body 要素内、head 要素内のどちらに書いてもかまいません。また同一プログラム内に複数記述してもかまいません。本書の例題では、主に body 要素内で記述しています。但し、head 要素内には関数などの定義部分を、body 要素内には実行部分（JavaScript プログラム本文）を書くことが多いです。

ONE POINT ▶ JavaScript の外部ファイル化

スクリプト部分だけを記述した別ファイルを作り、
<script src="JavaScript のファイル名"> </script> と指定することもできます。例えば、
<script src="script.js"> </script> などです。
この時、拡張子は js にする必要があります。JavaScript のみを記述した script.js ファイルを作り、HTML からリンクすることができます。この場合の script 要素の内容は空でなければなりません。

4-1-2 オブジェクトとは

1)オブジェクトプログラミング

①オブジェクトプログラミングという言葉があります。オブジェクト（Object）とは「部品」のことを指します。「オブジェクト」の概念は理解するのが少々難しいのですが、日常生活に例えてみましょう。自動車でも家電でも建築物でも、どんな製品も全て部品の組み合わせからできています。この部品のことをオブジェクトと呼びます。既に用意されている必要な部品（オブジェクト）を選んである製品を組み立てることは、ソフトウェアという製品も同じです。

②「ボールペン」を例にして考えてみましょう。ボールペンは、ケースや芯やバネ等の部品でできています。それぞれ好みに応じて、ケースは黒、芯は青色などと選ぶことができます。Web ページも、ツールバーや文字や画像などいろいろな部品（オブジェクト）でできています。JavaScript は、ブラウザに用意されている各種のオブジェクトを呼び出すだけで、簡単にこれらを利用することができます。

2)オブジェクトの種類

JavaScript には、よく使われる基本的な部品がオブジェクトとして組み込まれています。このオブジェクトを使えば（スクリプトに組み込めば）、利用者は大方のことができるようになっていて、大変便利です。

本書で扱う主なオブジェクトを紹介します。

①**定義済みオブジェクト（JavaScript で、既に用意されているオブジェクト）**
    window オブジェクト　　：Web ブラウザそのものを扱うオブジェクト
    document オブジェクト：Web ブラウザの表示領域を扱うオブジェクト
    form オブジェクト　　　：form 要素を扱うオブジェクト
    element オブジェクト　：テキストボックス、ボタンなどを扱うオブジェクト

②**組み込みオブジェクト（定義済みオブジェクトとは別の、個別に独立したオブジェクト）**
    Date オブジェクト　　　：日付や時刻を扱うオブジェクト
    Array オブジェクト　　：配列と呼ぶ連続的にデータを格納するオブジェクト
    Math オブジェクト　　　：計算に関するオブジェクト
    String オブジェクト　　：文字列を扱うオブジェクト

定義済みオブジェクトは　window オブジェクト以下の階層構造を形成します。

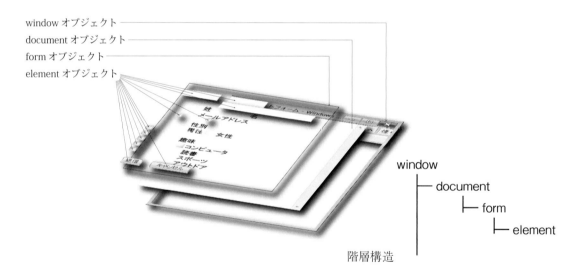

4.-1-3　メソッドとプロパティ

オブジェクトはメソッド(動作)やプロパティ（属性）とを合わせたものといえます。オブジェクト、メソッド、プロパティの使い方(書き方)は、それぞれ次のように記述します。

        オブジェクト．メソッド(値)；

        オブジェクト．プロパティ＝"値"；

1) メソッドとは

① メソッドとは、オブジェクトに対する動作です。例えば、オブジェクトがボールペンを指し、ボールペンの芯を出す、文字を書く、芯を引っ込める等の動作がメソッドです。

② JavaScript でメソッドを設定するには、次のように指定します。

オブジェクト．メソッド(値)；

③ この形式を具体的な例で示しましょう。JavaScript を使って Web ページ上にある文字を表示したいときは、メソッドを次のように指定します。

window．document．write("こんにちは")；
　　　　オブジェクト　　　　メソッド

「window オブジェクトの document オブジェクト内に "こんにちは" と書きなさい。」という意味になります。つまり、Web ブラウザの表示領域に「こんにちは」という文字を書く（表示させる）」ということです。

2) プロパティとは

① プロパティとは、オブジェクトが持つ属性(あるいは性質)です。ボールペンの例では、
　ケースは　…　ボールペンを作る1つの部品（オブジェクト）
　ケースの色（例えば赤）や材質（例えば合成樹脂）は … ボールペンを作る1つの属性（オブジェクトのプロパティ）です。

② JavaScript でプロパティを設定するには、次のような形式で指定します。

オブジェクト．プロパティ ＝ "値"；

③ この形式を具体的な例で示しましょう。JavaScript では、背景を赤にしたいときはプロパティを次のように指定します。

window．document．bgColor ＝ "red"；
　　　　オブジェクト　　　　プロパティ

「windows オブジェクトの document オブジェクト内の背景色を赤色にする」という意味になります。つまり、「Web ブラウザの表示領域の背景色を赤に指定する」ということです。

3) JavaScript の保存

JavaScript の練習では、例題や練習問題など多数のファイルを保存します。例えば、JavaScript という名前のフォルダーを事前に作成し、この中にファイルを保存しましょう。フォルダーの作成方法は、既に述べた 2-1-2 項 1)「事前準備」の操作手順と同様です。

4-2 ◆ 基本メソッド

windowオブジェクトはWebブラウザのウインドウ全体を扱うオブジェクトです。さらにdocumentオブジェクトは、Webブラウザの表示領域を扱うオブジェクトです。windowオブジェクトの基本的なメソッドを学びましょう。

4-2-1　writeメソッド　例題25（ファイル名：sample25.html）

以下のとおりに入力し、結果を確認しましょう。

```
<html lang="ja">
<head>
<title>write</title>
</head>
<body>
<script>
window.document.write("windowのdocumentに表示されました。","<br>"
,"改行して次の計算をしましょう。");
window.document.write("<br>8 × 2=",8*2,"<br>");     //8 × 2= は文字列として表示
window.document.write(" 画像を表示しましょう。<br>");
window.document.write("<img src='image/tower1.jpg'>");
</script>
</body>
</html>
```

図4-2-1　writeメソッド

説明
1）write メソッド
書き方：window.document.write（値）；
意　味：文字や画像を表示する。
　writeメソッドは、ブラウザに文字や画像を表示します。

オブジェクト．メソッド(値)；
window.document．write(値)；　　（注）

　これは、windowオブジェクトの下位にあるdocumentオブジェクトにwriteメソッドで書き込むという意味です。
（注）windowを省略して「document.write（値）」と記述することができます。

2) 値の書き方
①文字列はダブルクォーテーション（" "）で囲みます。
②ＨＴＭＬのタグ(例えば
)も、ダブルクォーテーション（" "）で囲みます。文字列と同等に扱いまとめてダブルクォーテーションで囲むこともできます。値の使用方法はその他メソッドも同じです。

3) 値の区切り
　　　window.document.write("windowのdocumentに表示されました。","<br>"
　　　," 改行して次の計算をしましょう。");
以下のようにまとめて１つの値として記述することもできます。
　　　window.document.write("windowのdocumentに表示されました。
　　　改行して次の計算をしましょう。");
記述が長くなる場合、「,」の前後で改行することができます。

4) 数値の値
　　　window.document.write("
8 × 2=",8*2,"<br>");
値として数値や変数(4-3節で説明)を使えば、計算をさせることができます。「8 × 2 = 」の部分は、ダブルクォーテーションで囲まれていますから、文字列として表示されます。文字の値と、数値や変数の値は、「,」で区切ります。「8*2」の部分は数値ですから、計算結果が表示されます。
はＨＴＭＬのタグですからダブルクォーテーションで囲んでいますね。

5) html 要素を使った画像の表示
　　　window.document.write("<img src='image/tower1.jpg'>");
　imageフォルダー内のtower1.jpgを表示します。
　画像ファイルtower1.jpgは、同友館サイトからダウンロードしてください。

HTMLの要素（タグ）も文字列と同じく「"（ダブルクォーテーション）」で囲むことで、値として使えます。この例題では、画像を配置するimg要素を、文字列と同じように使っています。

　この場合、src属性のファイル名を指定するためにもうひと組の「"」が必要になりますが、「"」が二重になってしまうの避けるために、内側の囲みという意味で「'（シングルクォーテーション）」を使用しています。

ONE POINT ▶ コメントの書き方

/* コメント */ と // コメント
JavaScriptのコメントの書き方は2種類あります。
その1つは、複数行のコメントを、CSSと同様に、/* コメント */　と記述する場合です。もう1つは、JavaScriptの1行コメントという書き方です。以下のように記述すると//以降はコメントと認識されます。
window.document.write("
8×2=",8*2,"<br>");　//8×2=は文字列として表示

4-2-2　alert メソッド　例題26（ファイル名：sample26.html）

```
<html lang="ja">
<head>
<title>alert</title>
</head>
<script>

window.alert("JavaScriptの勉強をはじめます");  ← 警告ダイアログボックスメッセージ

</script>
<body>
</body>
</html>
```

図 4-2-2　alert メソッド

説明

1) alert メソッド

書き方：window.alert("メッセージ")；

意　味：警告ダイアログボックスを表示します。alert は「警告する。注意を喚起する」という意味です。メソッドは、一般的に次のような記述をします。

　　　オブジェクト．メソッド(値)；

これを例題 26 に当てはめると、次のようになります。

　　　window.alert("JavaScript の勉強をはじめます")；

window がオブジェクトで、alert がメソッドです。値にある内容がメッセージとして表示されます。

2) 値の区切り

　alert の値が複数ある場合は、「,」で値の間を区切らずに、「＋」を使います。これは、alert の値は 1 つしか認識できないためです。そこで、値が複数ある場合は、1 つにするために「＋」で結合します。alert の特徴として、警告メッセージが表示されている間、JavaScript は処理を停止します。「OK」がクリックされると解除され、次の処理へ進みます。プログラムの流れや動作をプログラムをいったん止めて確認するときに使用します。

4-2-3 prompt メソッド　例題 27（ファイル名：sample27.html）

```
<html>
<head>
<title>prompt</title>
</head>
<script>

window.prompt("あなたの名前は？","ここに入力します");
                  ↑                    ↑
              表示メッセージ      テキストボックス初期値
</script>
<body>
</body>
</html>
```

入力支援ダイアログボックス

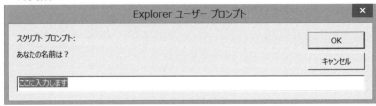

図 4-2-3　prompt メソッド

説明

1) prompt メソッド

書き方：window.prompt("入力要求メッセージ","初期値");

意　味：入力支援ダイアログボックスを表示する。prompt は「促す」という意味です。

　window がオブジェクトで、prompt がメソッドです。実行すると、入力支援ダイアログボックスが表示されます。

2) 値の書き方

　() 内の値を入力する場所は 2 つあり、前半はダイアログボックスに表示するメッセージを入力し、後半はユーザー入力を行うテキストボックス内の初期値を入力します。入力した値は OK をクリックしたとき、プログラムに引き渡されます。何も入力しないで OK をクリックすると初期値が戻り、キャンセルをクリックすると null が戻ります。null（ヌル）とは、「空っぽ」という意味で、値が存在しないことを表します。

4-2-4 confirm メソッド　例題 28（ファイル名：sample28.html）

```
<html>
<head>
<title>confirm</title>
</head>
<script>

window.confirm("よろしいですか？");

</script>
<body>
</body>
</html>
```

確認ダイアログボックスメッセージ

確認ダイアログボックス

図 4-2-4　confirm メソッド

説明

1) confirm メソッド

書き方：window.confirm（確認メッセージ）；

意　味：確認ダイアログボックスを表示する。confirm は「確かめる」「確認する」という意味です。

　window がオブジェクトで、confirm がメソッドです。確認ダイアログボックスが表示され、() 内の値が確認メッセージとして表示されます。

2) 値の区切り

　confirm の値が複数ある場合は、「,」で値の間を区切らずに、「＋」を使います。理由は alert と同じです。また、confirm では「OK」と「キャンセル」のボタンが表示され、「OK」をクリックすると true の論理値が、「キャンセル」をクリックすると false の論理値が返ります。この仕組みは 4-5 節「条件分岐」で説明します。

4-2-5 練習問題

練習問題 25-1：write メソッド（ファイル名：ex251.html）

write メソッドを使い、ヒントを参考にして図のように計算式と答えが表示される Web ページを作成しましょう。

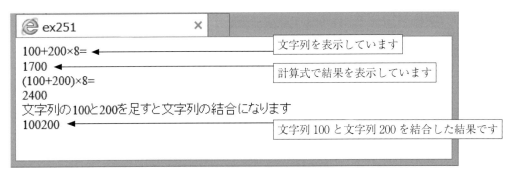

図 4-2-5　write メソッド練習

練習問題 25-2：write・alert メソッド（ファイル名：ex252.html）

alert メソッドと write メソッドを使い、図のような警告メッセージを表示させ、「OK」をクリックした後に「OK が押されました。」の文字が表示される Web ページを作成しましょう。

図 4-2-6　write・alert メソッド練習

4-3 ◆ 変数

1) 名前の付けられる箱

プログラムでは、使用するデータを常にどこかに置いておく必要があります。そのデータをしまっておく入れ物を**変数**と呼びます。変数は、自由に名前のつけられる**箱**のようなものだと思ってください。

変数 A という箱を作り、データを入れるというイメージです。

2) 変数の宣言と値の代入

書き方1： var 変数名；
変数名 = 値；

意　味：var とは variable（変化するもの、変数）という意味です。変数を宣言し、変数の箱に値を代入します。

書き方2： var 変数名 = 値；

意　味：変数の宣言と値の代入を一度に記述することもできます。

例えば、お店の店員さんがレジを使って会計を行います。kaikei という 名前の箱（変数）を作り、そこに 1000 円を入れたとします。

書き方1： var kaikei;
kaikei=1000;

書き方2： var kaikei = 1000;

このプログラムは、kaikei という変数を作り、その変数 kaikei へ 1000 という数値を入れるという命令です。と記述しても同じです。

var kaikei;
kaikei="千円";

さらに、変数は数値以外に"文字列"を代入することができます。

変数の中に変数を代入したり、オブジェクトを代入することもできます。

変数名は、その中身が想定できるような名前をつけるとよいでしょう。変数名のつけ方については、4-3-2項の One point を参照してください。

4-3-1 変数　例題 29（ファイル名：sample29.html）

```
<html lang="ja">
<head>
<title>変数</title>
</head>
<body>
<script>

var kaikei;
kaikei=1000;
window.document.write("財布に",kaikei,"円あります");
window.alert("現在、財布の中身は"+kaikei+"円です");
kaikei=kaikei-700;
window.alert("財布から700円の支出がありました");
window.document.write("<br>現在、財布の中身は",kaikei,"円です");

</script>
</body>
</html>
```

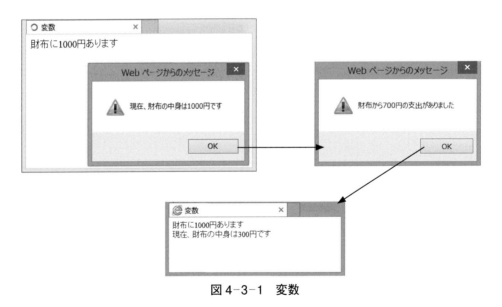

図 4-3-1　変数

説明

書き方：var 変数名；
　　　　変数名＝値；
意　味：変数を宣言して、値を変数に代入する。

1）値の代入

変数は箱の中身（入れるデータ）を自由に変えることができます。この例題では、まず財布（変数名 keisan）の中に 1000 円（1000 という数値）がはいっています。

```
var keisan;
keisan = 1000;
```

新たに支出があり、700 円差し引き、差し引いた結果の値を変数 keisan に再度代入しています。

右辺から左辺に代入

keisan = keisan-700;

この結果、変数 keisan には 300 が代入されています。

2）変数の追加

別の変数を使って違う書き方をしてみましょう。

```
var keisan =7000;
var another = 5000;
keisan = keisan + another;
```

2 行目の another という変数に 5000 を入れて、3 行目で keisan に another を加算して keisan に代入します。つまり 7000+5000 の結果を keisan に入れ直し、keisan は 12000 となります。

4-3-2 変数の計算　例題 30（ファイル名：sample30.html）

```
<html lang="ja">
<head>
<title> 変数の計算 </title>
</head>
<body>
<script>

var nyujou;
nyujou=prompt(" 入場者数を入力してください "," ここに入力 ");
window.alert(" 入場者は "+nyujou+" 人です ");
taijou=prompt(" 退場者数を入力してください "," ここに入力 ");
window.alert(" 退場者は "+taijou+" 人です ");
nyujou=nyujou-taijou;
window.document.write(" 現在残っているのは ",nyujou," 人です <br>");
var myouji=" 吉田 ";
```

```
var namae=" みどり ";
namae=myouji+namae;
window.document.write(" 最初の入場者は ",namae," さんです ");

</script>
```
</body>
</html>

数値を変更して試してみましょう。数値は、日本語入力 OFF（半角）で入力します。

図 4-3-2　変数の計算

ONE POINT ▶ 変数名の付け方

　プログラムでは、さまざまな処理を行なうために複数の変数を用います。そのため、JavaScript では、それぞれの変数を名前で区別します。変数に名前をつける際には、次の３つに気をつけなくてはなりません。
・大文字と小文字を区別する。
・１文字目はアルファベットかアンダースコア＿
・予約語を使わない
　予約語は、JavaScript が使用を予約しているキーワードです。次に示すキーワードは変数名、関数名に使用できません。
　break case catch continue default delete do else finally for function if in instance of new return switch this throw try typeof var void while with
この他に将来予約語となりうるキーワードが存在しますので注意が必要です。
　変数の名前は、上記の注意を守れば、自由につけることができますが、変数の中味のデータが想定できるような名前をつけるようにしましょう。4-8節で出てくる関数についても、その名前のつけ方は同様です。

4-4 ◆ 演算子

算術演算子と比較演算子を説明します。算術演算子はプログラム中で計算を行う場合に使い、比較演算子は if 構文や for 構文の条件などで使います。

	算術演算子		
＋	加算	a＋b	a に b を足す
－	減算	a－b	a から b を引く
＊	乗算	a＊b	a と b を掛ける
／	除算	a／b	a を b で割る
％	剰余	a％b	a を b で割った余り
n＋＋	インクリメント		n の値を 1 増やす(注)
n －－	デクリメント		n の値を 1 減らす

	比較演算子	
a==b	a と b が等しいときに true	
a!=b	a と b が等しくないときに true	
a>b	a が b よりも大きいときに true	
a>=b	a が b 以上のときに true	
a<b	a が b よりも小さいときに true	
a<=b	a が b 以下のときに true	

(注)＋＋インクリメント（increment:：増加）
　　－－デクリメント（decrement:：減少）

4-4-1　演算子　　例題 31（ファイル名：sample31.html）

```
<html lang="ja">
<head>
<title> 演算子 </title>
</head>
<body>
<script>

var A=30;
var B=4;
window.alert("A の値は "+A+" です ");
window.alert("B の値は "+B+" です ");
window.document.write("A+B の足し算の結果は ",A+B," です。<br>");
window.document.write("A-B の引き算の結果は ",A-B," です。<br>");
window.document.write("A × B の掛け算の結果は ",A*B," です。<br>");
window.document.write("A ÷ B の割り算の結果は ",A/B," です。<br>");
window.document.write("A を B で割った余りの結果は ",A%B," です。<br>");

</script>
</body>
</html>
```

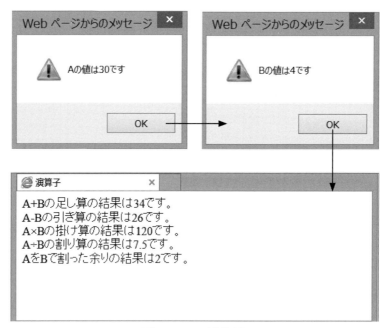

図4-4-1　演算子

Aの値やBの値の数値を変更して、結果を確認しましょう。

4-4-2 練習問題

練習問題 31-1：演算子（ファイル名：ex311.html）

　変数を二つ宣言します。変数名は自分で決めてください。最初の変数は名前のデータが入ります。二つ目の変数は、年齢のデータが入ります。prompt メソッドを使って、各変数にデータを代入します。次に alert メソッドを使って変数の内容を確認しています。OK をクリックしたら、Web ページに下記の画面をみて文字を表示させましょう。alert メソッドで指定できる値は 1 つのみなので、「+」を使って結合します。

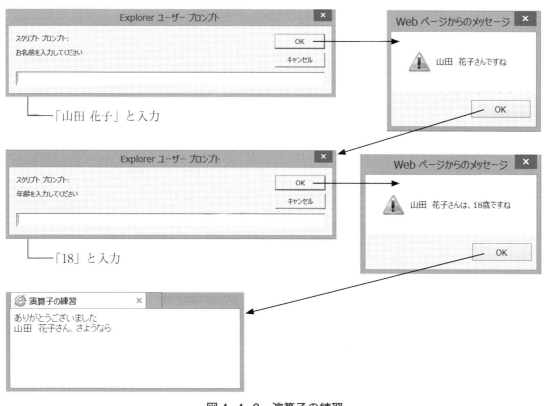

図 4-4-2　演算子の練習

4-5 ◆ 条件分岐

JavaScriptでは、if文を使用することで、条件により、処理を分岐させることができます。4章2節で学んだ、confirmメソッドは「OK」をクリックするとtrueが、「キャンセル」をクリックするとfalseが返りました。論理値がtrueであれば処理A、falseであれば処理Bなどと、条件により分岐し異なる処理をすることができます。

そもそも、プログラムの流れは以下のとおりです。これをプログラムの基本三構造と呼びます。今まで学んできたプログラムは、①順次でしたが、ここでは②分岐のいろいろなパターンを理解しましょう。
③の繰返しは、次節で学びます。

①順次
プログラムは上から順に実行される

②分岐
条件が成り立てば、処理Aを条件が成り立たなければ、処理Bを実行する

③繰返し
条件が満たされている間、プログラムを繰り返す

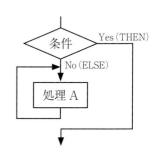

4-5-1 IF THEN ELSE型　例題32（ファイル名：sample32.html）

```
<html lang="ja">
<head>
<title>if then else 型 </title>
</head>
<body>
<script>

    if(window.confirm("JavaScript の練習を始めますか？ "))
    {window.document.write("OK が選択されました ");}
    else
    {window.document.write(" キャンセルが選択されました ");}

</script>
</body>
</html>
```

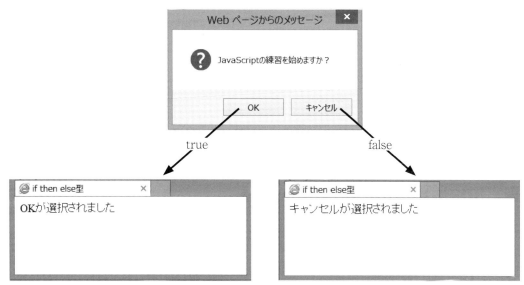

図 4-5-1　IF THEN ELSE 型

説明
if 構文 IF THEN ELSE 型

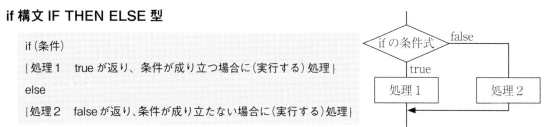

　例題は window.confirm メソッドを使い確認ダイアログボックス内の「OK」をクリックすると document オブジェクト上に「OK が選択されました」が表示され、「キャンセル」をクリックすると「キャンセルが選択されました」が表示されます。

　IF THEN ELSE 型の構文は ( ) 内にある条件の評価結果が true ならば else 前にある { } 内の処理 1 が実行され、false であれば else 後にある { } 内の処理 2 が実行されます。confirm は自動的に「OK」ボタンで true を返し、「キャンセル」ボタンで false を返します。

4-5-2　IF THEN 型　例題 33（ファイル名：sample33.html）

```html
<html lang="ja">
<head>
<title>if then 型 </title>
</head>
<body>
<script>

    var abc;
    abc=window.prompt(" 財布に入っている金額を入力してください ","");
    window.alert(" 財布に "+abc+" 円あります ");
    var def;
    def=3000;
    window.alert(def+" 円の買い物をします ");

    if(abc<def)
    window.document.write(" お金が足りません <br>");

    window.document.write(" お買い物を終了します ");
</script>
</body>
</html>
```

null と undefined

　nullとは、「空っぽ」という意味です。0とは違います。通常「ヌル」と読みます。「…は Null またはオブジェクトではありません」というスクリプトエラーは、対応する値が存在しないという意味になります。
　undefinedは、「未定義」という意味です。たとえばメソッドや関数名のスペルを間違えて記述すると、IE で、「…is not defined.」などと表示されます。これは、構文が定義されていない、関数名が定義されていないというスクリプトエラーです。

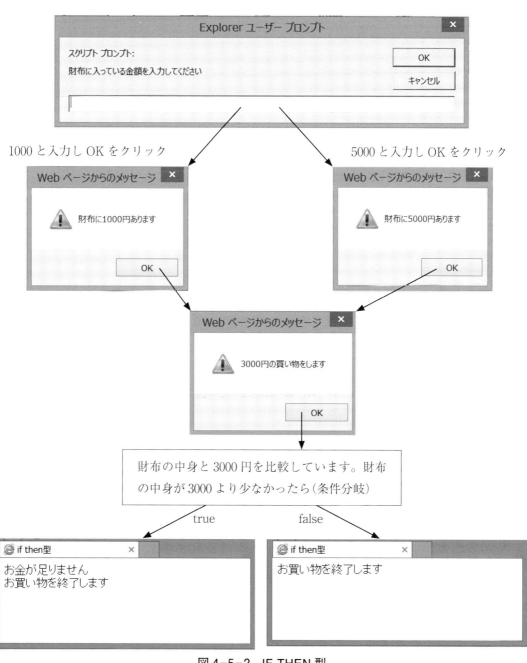

図 4-5-2 IF THEN 型

説明
1) if 構文記述のパターン　IF THEN 型

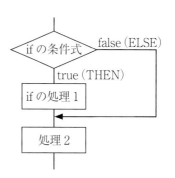

if(条件)

true が返り条件にあっていたら実行する処理 1

true でも false でも実行する処理 2

例題33は、promptメソッドで「財布の中の金額（数値）」を入力します。入力された数値が宣言した変数 abc に代入されます。alertメソッドで財布の中身の金額を確認しています。そのあと、alertメソッドで「3000円の買い物をします」を表示します。

if 構文を使って、変数内の数値と 3000 を比較します。

① ここでは、「財布の中身が 3000 円より少なかったら」true が返り、document.write メソッドで「お金が足りません」を表示し、そのあと if 構文を抜けて、処理2（お買い物を終了します）が実行されます。

② false が返ると if 文から抜けて、そのまま処理2（お買い物を終了します）に進みます。

if then 型の構文は、else と { } がない形になります。このように記述すると、true であれば条件の直後にある処理が行われ、false であれば、その処理を実行せずに if 構文の次の処理が実行されます。

4-5-3　IF THEN ELSE 多重型　　例題34（ファイル名：sample34.html）

```
<html lang="ja">
<head>
<title>if then else 型</title>
</head>
<body>
<h2>英語のテスト結果についてお聞きします</h2>
<script>

if(window.confirm("80 点以上なら、OK をクリックしてください"))
  {window.document.write("成績は A です");}

else{
        if(window.confirm("70 点以上なら、OK をクリックしてください"))
          {window.document.write("成績は B です");}
        else{
                if(window.confirm("60 点以上なら、OK をクリックしてください"))
                  {window.document.write("成績は C です");}
                else{
                        window.document.write("不合格です");
                }
        }
}

window.document.write("<br>終了します");

</script>
</body>
</html>
```

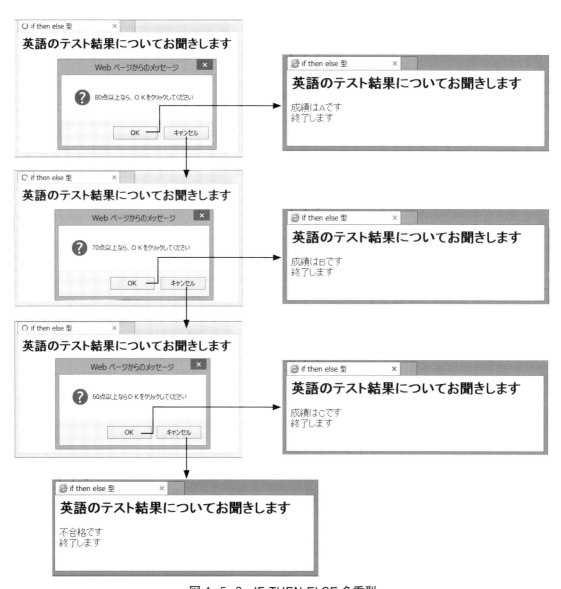

図 4-5-3　IF THEN ELSE 多重型

説明
1) if 構文記述のパターン　IF THEN ELSE 多重型

```
if( 条件 1)
 { 条件 1 が true なら実行する処理 1}
else{　if (条件 2)
      { 条件 2 が true なら実行する処理 2}
      else    {if (条件 3)
              { 条件 3 が true なら実行する処理 3}
              else{false なら実行する処理 4}
              }
     }
```

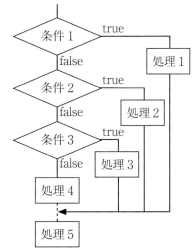

例題 34 のように if の中に if を入れ子で記述すると、任意の数の条件を評価することができるようになります。例題 34 の場合は、else 後の {} 内にある処理として、次の条件を評価します。

① 条件 1 が true であれば、処理 1 が実行された後、if ～ else 構文全体を抜けます。したがって、条件 2 と 3 は無視されます。

② 条件 1 が false であれば、条件 2 を評価し、条件 2 でも false であれば条件 3 を評価します。評価とは条件を確認することです。

③ どのルートを通っても、処理 5 は必ず実行されます。

4-5-4　IF THEN 多重型　例題 35（ファイル名：sample35.html）

```
<html lang="ja">
<head>
<title>if then 多重型 </title>
</head>
<body>
<h2> 好きな食べ物アンケート </h2>
<script>

if(window.confirm("パスタが好きな人は OK をクリックしてください "))
  {window.document.write("パスタ好きです <br>");}

if(window.confirm("ラーメンが好きな人は OK をクリックしてください "))
  {window.document.write("ラーメン好きです <br>");}

if(window.confirm("ピザが好きな人は OK をクリックしてください "))
  {window.document.write("ピザ好きです <br>");}
```

```
window.document.write(" ありがとうございました ");

</script>
   </body>
</html>
```

条件1「OK」、条件2「OK」、条件3「キャンセル」の場合で考えてみましょう。

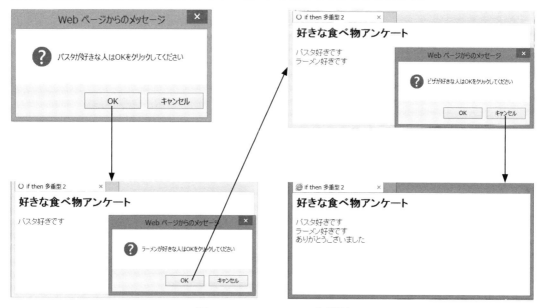

　IF THEN 多重型

ONE POINT ▶ Dreamweaver でコーディング

　コーディングとは、プログラミング言語を使って、ソースコードを作成することです。つまり、HTML、CSS、JavaScriptなどの言語を使ってWebページのソースコードを作成することをいうのです。
　いままで解説してきたように、メモ帳があればWebページのコーディングは可能ですが、メモ帳の代わりにエディタソフトを利用すると、その作業はさらに便利になります。特にDreamweaverのようなWebページ作成ソフトは、コード入力補完や構文チェックなどの便利な機能がついているので、機会があれば、これらのソフトをエディタ代わりに使ってみるのもよいでしょう。

説明
1) if 構文記述のパターン　IF THEN 多重型

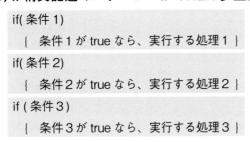

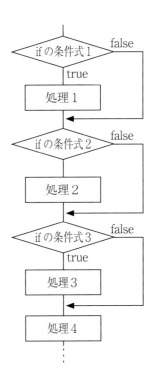

例題 34 は、1つでも条件にあう場合、それ以降の条件は評価しませんでしたが、例題 35 は条件を全て評価します。if 構文を入れ子にしないで、それぞれを個別に記述しています。

4-5-5　練習問題

練習問題 34-1 IF THEN ELSE 多重型（ファイル名：ex341.html）

図 4-5-5 と同じ表示結果となるように Web ページを作成しましょう。if 構文を 3 つ使い、条件として confirm メソッドによる確認ダイアログボックスが最大 3 回表示されます。

1) 1つ目の確認ダイアログボックスで「大人ですか？」が表示されるので、OK をクリックして true を返せば、document オブジェクト上に「大人料金です」が表示されプログラムは終了します。
2) 1つ目で「OK」ではなく、「キャンセル」をクリックすれば、2つ目の確認ダイアログボックスで「中人ですか？」が表示されるので、「OK」をクリックして true を返せば、document オブジェクト上に「中人料金です」が表示されプログラムは終了します。
3) 2つ目で「OK」でなく「キャンセル」をクリックして3つ目の確認ダイアログボックスで「小人ですか？」が表示されるので、「OK」をクリックして true を返せば、document オブジェクト上に「小人です」が表示されプログラムは終了します。キャンセルを押すと「3歳以下は無料です」が表示されます。

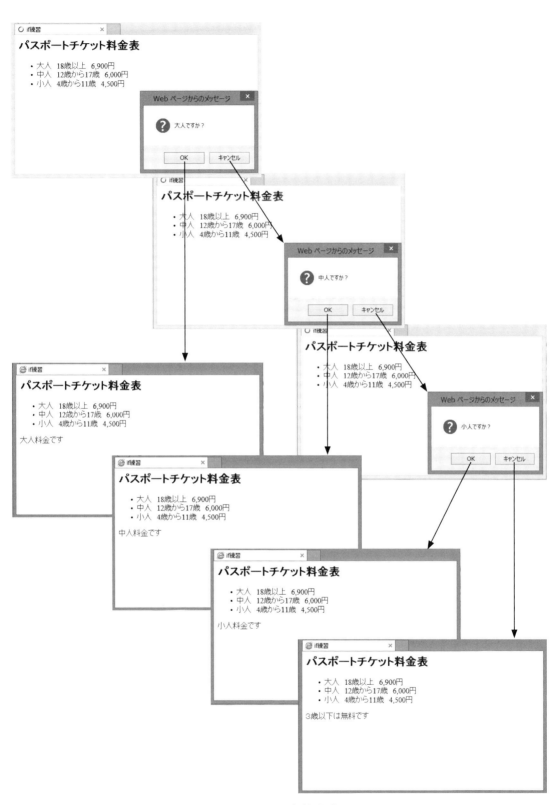

図4-5-5　条件分岐

練習問題 35-1　IF THEN 多重型（ファイル名：ex351.html）

図 4-5-6 と同じ表示結果となるように Web ページを作成しましょう。ex341.html を利用しましょう。まず、変数 nenrei を宣言します。prompt メソッドを使用して年齢を入力させます。alert メソッドで変数 nenrei の中身を確認させていますね。

次に大人、中人、小人料金を入れるための変数を、それぞれ dai、chu、shou を宣言し、入れ子で if-else 構文を 3 つ使い、最初に「nenrei が 18 以上」を条件とし、true なら大人料金の案内を document メソッドで画面に表示させます。

false が返ったら（つまり else）「nenrei が 12 以上」を条件として、true なら中人料金の案内を document メソッドで画面に表示させます。同様に、年齢に合う料金を画面に表示させます。

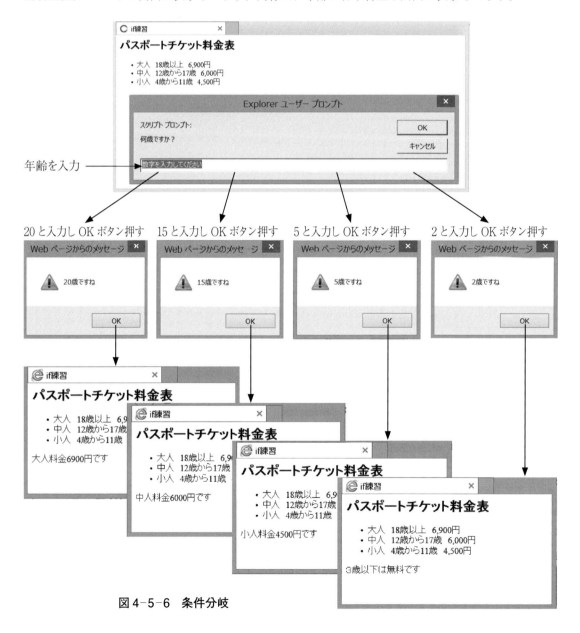

図 4-5-6　条件分岐

4-6 ◆ 繰返し

if構文は条件により、処理が分岐されましたが、同じ処理を指定の回数だけ繰り返したい場合は、繰返し制御の1つであるfor構文を使うことできます。

4-6-1　FOR構文　　例題36（ファイル名：sample36.html）

```
<html lang="ja">
<head>
<title>for 構文 1</title>
</head>
<body>
<script >

for(i=1;i<=5;i++)
{window.document.write(" ヤッホー！富士山登頂おめでとう！ <br>");}

</script>
</body>
</html>
```

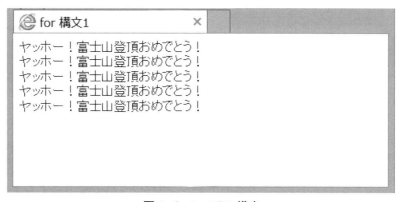

図4-6-1　FOR構文

説明
1) for 構文記述のパターン

```
for( 初期値 ; 終了値 ; 数え方 )
   {  実行する処理  }
```

例題 36 を for 構文を使用せずに記述すると、window.document.write( ) を 5 つ記述することになり、手間がかかります。

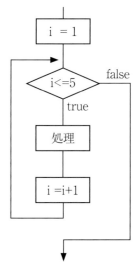

① for 構文を使えば、指定した回数だけ { } 内の処理を繰り返します。例題 36 では、
for (i=1; i<=5; i++) {window.document.write("ヤッホー！富士山登頂おめでとう！
 ")}

- i = 1; 　i に 1 を代入します。変数 i に数え始めの数値を指定します。このような最初の値を初期値と呼びます。変数 i の宣言は省略しています。
- i<=5; 　変数 i が 5 以下であることをチェックします。5 になれば終了します。このような終わりの値を終了値と呼びます。
- i＋＋ 　変数 i を 1 ずつ増加させます。4-4 節「演算子」で説明した増加（インクリメント）です。i = i+1 を意味します。

変数 i が 1 から 5 になるまで
{window.document.write("ヤッホー！富士山登頂おめでとう！
 ") ;} を繰り返します。5 を超えたら繰り返し処理を終了します。

② 繰返し処理の別の例題を挙げれば、
　for (i=20;i<=100;i++) {各種の命令文}
　　　20 から数え始めて、100 で終わる場合の for 構文は、このようになります。
　for (i=100;>=20;i--) {各種の命令文}
　　　100 から始まり、20 で終わる場合の for 構文は、このようになります。
　　　この場合、i--は i = i-1 という式になります。減少（デクリメント）を意味します。

4-6-2 FOR 構文（計算） 例題 37（ファイル名：sample37.html）

```
<html lang="ja">
<head>
<title>for 構文 2</title>
</head>
<body>
<script >

var kei=0;
for(i=1;i<=10;i++)
{kei=kei+i;}
window.document.write("1 から 10 の和は <br>");
window.document.write(kei);

</script>
</body>
</html>
```

図 4-6-2　FOR 構文（計算）

説明

書き方：for(初期値 ; 終了値 ; 数え方)
　　　　{　実行する処理　}

　　for(i=1 ; i<=10 ; i++)
　　{kei=kei+i;}

i が 10 になるまで kei + i を繰り返します。その処理が終了した後に
　　window.document.write("1 から 10 の和は
");
　　window.document.write(kei);
が実行されます。

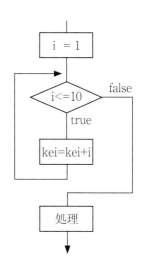

4-6-3 練習問題

練習問題 36-1：FOR 構文 1（ファイル名：ex361.html）

図 4-6-3 とヒントを参考にして次の Web ページを作成しましょう。ある月の 10 日から 15 日までの期間に、毎日缶ジュースを 1 本ずつ購入したとします。毎日 120 円ずつ購入したら合計いくら？ という計算を毎日の累計を出しながら表示します。この場合、最初に宣言する変数の初期値の扱いに注意してください。

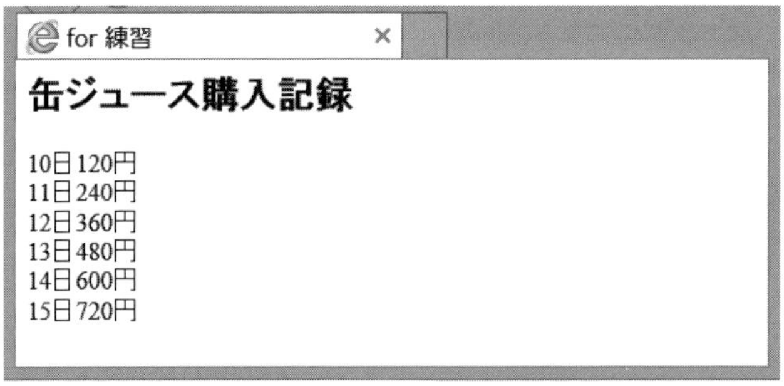

図4-6-3　FOR構文練習

ヒント

□内に変数と条件を入れましょう。

var ☐☐☐☐☐☐☐ ;
 for (i=10;i<=15;i++) {
　　☐☐☐☐☐☐ = ☐☐☐☐☐☐ +120 ;
window.document.write (☐☐☐☐☐☐ ," 日 ", ☐☐☐☐☐☐ ," 円
") ;
}

練習問題36-2：FOR構文2（ファイル名：ex362.html）

　例題37（sample37.html）を修正して、1から100の和と1から1000の和を追加してみましょう。titleはfor練習2としましょう。

4-7 ◆ プロパティ

4-7-1　bgColor　例題 38（ファイル名：sample38.html）

```
<html>
<head>
<title>bgColor</title>
</head>
<body>
<script>

window.document.bgColor="red" ;

</script>
</body>
</html>
```

　　　　　　　　　　　　　　　　　　　　　　　　　　　　背景色：赤

図 4-7-1　bgColor プロパティ

説明

1）bgColor プロパティ

書き方：window.document.bgColor= "値";

意　味：document オブジェクトの背景色を設定する。

プロパティは、一般的に次のような記述をしました。

　　　オブジェクト.プロパティ= "値";

これを例題 38 に当てはめると、次のようになります。

　　　window.document.bgColor= "red";

　document がオブジェクトで、bgColor がプロパティです。bgColor の C は大文字です。JavaScript では、大文字、小文字を区別します。red が値です。document オブジェクト（画面）の背景色が赤になりました。色はカラー名（英語）で指定するほか、3-2-1 項 3)「color プロパティ」で学習したように 16 進数（#rrggbb）、10 進数（rgb）で指定することもできます。

4-7-2 fgColor 例題 39（ファイル名：sample39.html）

```
<html>
<head>
<title>fgColor</title>
</head>
<body>
<script>

window.document.fgColor="#0000f f";
window.document.write (" 青色の文字が表示されます。");

</script>
</body>
</html>
```

図 4-7-2　fgColor

説明
1）fgColor プロパティ
書き方：window.document.fgColor="値";
意　味：document オブジェクトの文字色を設定する。
プロパティは、一般的に次のような記述をしました。
　　　　オブジェクト . プロパティ ="値";
これを例題 39 に当てはめると、次のようになります。
　　　　window.document.fgColor="#0000 f f";
　document がオブジェクトで、fgColor がプロパティです。fgColor の C は大文字です。#0000ff が値です。document オブジェクトの文字色が青（#0000ff）になりました。bgColor と同様にカラー名（英語）、16 進数（#rrggbb）、10 進数（rgb）で、指定することもできます。

4-7-3　練習問題

練習問題 38-1：プロパティ（ファイル名：ex381.html）

　documentオブジェクトの背景色と文字色を変更するWebページを作成しましょう。最初に「美しい空」が表示され、図4-7-3のように、windowオブジェクト上に警告ダイアログボックスのメッセージが表示します。そして「OK」をクリックした後にdocumentオブジェクト上の文字色が黄色、背景色は黒色になります。警告メッセージが表示されている間は、次の処理へ移動しません。「OK」がクリックされるまで停止します。

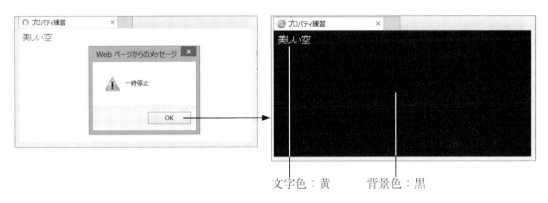

図4-7-3　プロパティ

練習問題 38-2：プロパティ2（ファイル名：ex382.html）

　例題35（sample35.html）を元にして、画面の色や文字色が変わるように自由に修正しましょう。表示される言葉も、変更してみて、自分の考え通りにプログラムが動くか、ためしてみましょう。

フローチャート（選択構造と繰返し構造）

・選択構造には、IF THEN ELSE 型 と IF THEN 型があります。条件に対して、

① 条件が成り立てば(true、Yes、Yなど)、THENに続く処理を行い、
② 条件が成り立たなければ (false、No、Nなど)、ELSEに続く処理が行われます。
③ ELSEに続く処理がない形をIF THEN型と呼びます。

・繰返し構造には、DO WHILE 型と DO UNTIL 型があります。

① 条件（終了条件）が「繰返し」の前で判定される形をDO WHILE 型と呼び、
② 条件（終了条件）が「繰返し」の後で判定される形をDO UNTIL 型と呼びます。

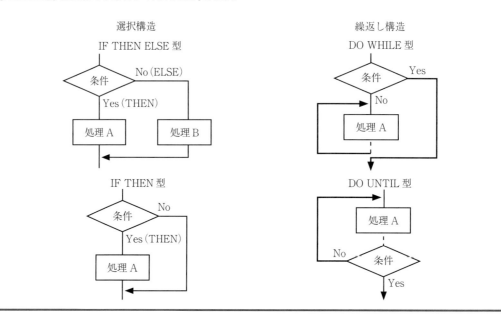

4-8 ◆ 関数（ユーザー定義関数）

1）関数とは

　関数はあるまとまった処理に対して名前を付けたものです。同じ処理を何度も繰り返すのではなく、1回だけ書いて関数を定義しておけば、その関数を呼び出すことで何度でも同じ処理を実行できるので、効率がよいプログラムを記述することができます。JavaScript に用意されている関数ではなく、ユーザーが自身で作成した関数を「ユーザー定義関数」と呼びます。

　関数を使う利点は
　①関数名を書くだけで呼び出せる。
　②何ケ所からでも呼び出すことができる。
　③プログラムの修正が楽になる。
　④プログラム開発の効率が高まる。

2）関数定義と呼び出し

　今まで、JavaScript のプログラムは body 要素内に記述しましたが、関数定義部は head 要素内に記述します。そして関数定義部も、script 要素を使います。関数そのものは function というキーワードで定義を記述します。function キーワードの次に関数名( )を記述します。｛｝内に、その関数名で実行される処理を記述します。関数は定義しただけでは実行されません。関数を呼び出したタイミングで実行されます。

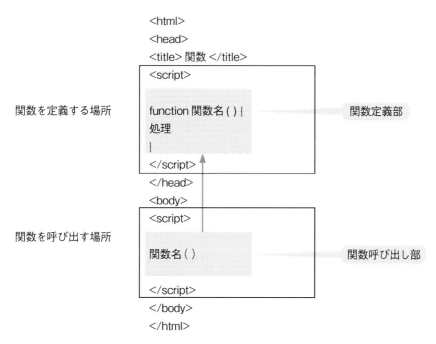

4-8-1 関数定義　例題40（ファイル名：sample40.html）

```html
<html lang="ja">
<head>
<title> 関数定義 </title>
<script>

function funcA(){
window.document.write(" 関数 funcA が呼び出されました。<br>");
}

</script>
</head>
<body>
<script>

window.alert(" 関数 funcA を呼び出します。");
funcA();
funcA();
funcA();

</script>
</body>
</html>
```

関数定義部 — 定義した関数

関数呼び出し部 — 呼び出し関数名

図4-8-1　関数定義

説明

1）関数定義と呼び出し

書き方：function 関数名（）{処理；}

意　味：ユーザーが定義した関数を用意する。

　例題40は、警告ダイアログボックスで処理を一時停止し、「OK」をクリックしたら次の行にある関数abc( )を呼び出す記述へ進みます。関数は何回でも呼び出すことができます。この例題では、3回呼び出しています。

　　　　　window.document.write("関数funcAが呼び出されました。
");

が3回実行されたことを確認してください。

4-8-2　引数のある関数　例題41（ファイル名：sample41.html）

```
<html lang="ja">
<head>
<title> 引数のある関数 </title>
```

```
<script>

function funcA(kazu1,kazu2){
window.document.write("kazu1 × kazu2=",kazu1*kazu2,"<br>");
}

</script>
```
関数定義部

```
</head>
<body>
```
```
<script>

window.alert(" 関数 funcA を呼び出します。 ");

funcA(3,10);
funcA(8,11);
funcA(33,11);

</script>
```
関数呼び出し部

```
</body>
</html>
```

図4-8-2　引数のある関数

説明
1）引数

書き方：function 関数名（引数１，引数２,.... 引数ｎ）{処理；}
意　味：引数は関数呼び出し元から引き渡される値です。

　引数を使うと関数に値を引き渡すことができます。例題 41 では、引数「kazu1」に３が代入され、引数「kazu2」に 10 が代入され、

　　　　window.document.write（"kazu1 × kazu2=", kazu1 ＊ kazu2）；

の処理を実行します。引数として渡す値を変えて関数を呼び出せば、計算結果が変わります。

4-8-3　戻り値のある関数　例題 42（ファイル名：sample42.html）

```
<html lang="ja">
<head>
<title> 戻り値のある関数 </title>
```
```
<script>
    function funcSum(kazu1,kazu2){
    return kazu1+kazu2;
    }
</script>
```
　　　　　　　　　　　　　　　　　　　　　　　関数定義部
```
</head>
<body>
```
```
<script>
    window.alert(funcSum(10,20));
    window.alert(funcSum("10","20"));
</script>
```
　　　　　　　　　　　　　　　　　　　　　　　関数呼び出し部
```
</body>
</html>
```

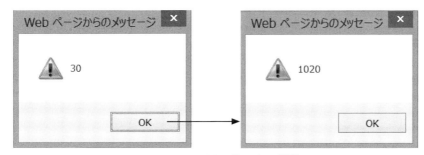

図4-8-3 戻り値のある関数

説明

1) return

書き方：function 関数名（引数1，引数2，.... 引数 n）{処理 return 戻り値；}
意　味：戻り値は関数呼び出し元へ戻る値です。

　例題42の表示結果は、alertが2回表示されます。1回目は、引数「kazu1」に数値の10が代入され、引数「kazu2」には数値の20が代入されるので、30が戻り値として、関数呼び出し元に返ります。つまり、returnの後ろに書かれたkazu1+kazu2を関数の呼び出し元であるfuncSum(10,20)へ戻しています。

　　　　　return　kazu1 + kazu2;
　　　　　　　　　　　↓
　　　　　　　　funcSum(10, 20)

　2回目は、引数kazu1に"10"、引数kazu2に"20"が代入されるので、文字として結合されることになります。そのため結果は"1020"が戻り値として関数呼び出し元に返ります。

　このようにreturnで戻される値を戻り値と呼び、関数の処理はreturnを記述したところで終了します。

4-9 ◆ form オブジェクト

2章7節で学んだ form 要素を記述すると、form オブジェクト（定義済みオブジェクト）が生成されます。その中に input 要素、textarea 要素、select 要素を記述すると、これらの element オブジェクトが生成されたことになります。form 要素や input 要素に対して、name 属性を使って名前を付け、通常その名前でオブジェクトを指定します。すなわち、name 属性で付けられた名前がオブジェクト名となります。Web サーバーにデータを送信するときは、部品をフォーム要素の中に配置しなければなりません。送信時にデータを調べ、JavaScript 側でチェックすることもできます。

4-9-1　element オブジェクト　　例題 43（ファイル名：sample43.html）

```
<html lang="ja">
<head>
<title> フォーム </title>
</head>
<body>
<p>
```

```
フォーム1 <br>
<form name="form1">
お客様番号 <input type="text" name ="bango" size="20"><br>
氏名 <input type="text" name="shimei" size="20">
</form>
```

```
</p>
<hr>
<p>
```

```
フォーム2 <br>
<form name="form2">
お客様番号 <input type="text" name ="bango" size="20"><br>
氏名 <input type="text" name="shimei" size="20">
</form>
```

```
</p>
```

```
<script>

window.alert(" 実行 ");
window.document.form1.bango.value="101";
window.document.form1.shimei.value=" 齋藤さよこ ";
window.document.form2.bango.value="102";
window.document.form2.shimei.value=" 吉田将人 ";

</script>
```

```
</body>
</html>
```

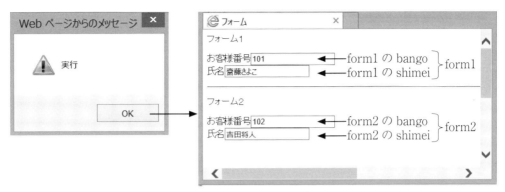

図4-9-1　elementオブジェクト

説明
1) name属性によるオブジェクト名
書き方：window.document.フォーム名.エレメント名

意　味：name属性によりformオブジェクトとelementオブジェクトにオブジェクト名を付ける。

①例題43では、

最初のform要素によって1つ目のformオブジェクトが生成され、

name="form1"によって「form1」と名付けられます。次に、

<input type="text" …>によってelementオブジェクトが生成されます。そして、

name="bango"によって「bango」が、

name="shimei"によって「shimei」と名付けられます。

②次に2つ目のformオブジェクトが生成されて「form2」と名付けられ、

そのエレメントにも「bango」「shimei」と名付けられます。

formをform1とform2に分けているので、同じ名前をつけることができます。

③valueはtextのプロパティです。

valueに指定した文字列がテキストボックスの中に表示されます。name="bango"とname="shimei"は、それぞれ「form1」と「form2」のオブジェクトの両方に使われています。

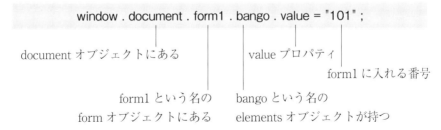

4-9-2 添字番号によるelementの操作　例題44（ファイル名：sample44.html）

```html
<html lang="ja">
<head>
<title>フォーム添字</title>
</head>
<body>
<h2>チケット購入リスト（単価5,250円）</h2>
<p>
```

```
フォーム1<br>
<form>
お客様番号 <input type="text" size="20"><br>
氏名 <input type="text" size="20"><br>
個数 <input type="text" size="8"><br>
合計 <input type="text" size="8">
プレゼント包装希望あり <input type="checkbox">
</form>
```

```html
</p>
<hr>
<p>
```

```
フォーム2<br>
<form>
お客様番号 <input type="text" size="20"><br>
氏名 <input type="text" size="20"><br>
個数 <input type="text" size="8"><br>
合計 <input type="text" size="8">
プレゼント包装希望あり <input type="checkbox">
</form>
```

```html
</p>
<script>

window.alert("実行");
window.document.forms[0].elements[0].value="101";
window.document.forms[0].elements[1].value="齋藤さよこ";
window.document.forms[0].elements[2].value=5;
window.document.forms[0].elements[3].value=5250*5;
window.document.forms[0].elements[4].checked=false;
window.document.forms[1].elements[0].value="102";
window.document.forms[1].elements[1].value="吉田将人";
window.document.forms[1].elements[2].value=3;
window.document.forms[1].elements[3].value=5250*3;
window.document.forms[1].elements[4].checked=true;

</script>
</body>
</html>
```

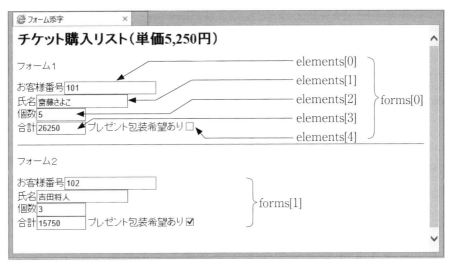

図4-9-2 添字番号による elements の操作

説明
1) 添字番号によるオブジェクト名
書き方：window.document. forms[n]. elements[n]

意　味：添字番号により form オブジェクトと element オブジェクトにオブジェクト名を付ける。

添字番号を使用した element オブジェクトの操作方法です。例題 44 のプログラムをみてください。

① form 要素で form オブジェクトが生成され、生成された順番で自動的に添字番号が割り当てられます。配列に使う、添字番号は 0 から開始します。
　・form1 にある <form> 要素で forms[0] が指定され、
　・form2 にある <form> 要素で forms[1] が指定されているのが分かります。

② 次に input 要素や textarea 要素で element オブジェクトが生成され、
生成された順番で自動的に添字番号が割り当てられます。
element はテキストボックスやボタン、テキストエリアといった区別はしないで、
同じ form オブジェクトで生成された順に番号が割当られます。

　window.document.forms[0].elements[0].value="101";
　window オブジェクトの document オブジェクト内の最初に作られたフォームオブジェクトの最初につくられた element オブジェクトの内容という意味です。
　window.document.forms[0].elements[4].checked=
　チェックボックスがある場所です。「true」「false」の 2 択をあらわす値です。true は「真」つまり Yes、false は「偽」つまり No という値が返ります。

4-9-3 フォームの確認　例題 45（ファイル名：sample45.html）

2-7 節で作成した ex71.html を利用します。

フォームは、部品に入力したデータを送信する際に使用します。本来は Web サーバー上にデータを送信することになりますが、ここでは擬似的に、受け取ったデータを write メソッドでウィンドウ上に送信された内容を確認してみましょう。図 4-9-3 の例で説明します。

```
<html lang="ja">
<head>
<title> アンケートフォーム </title>
<script>

function sendForm(){
hen_sei=window.document.forms[0].elements[0].value;     … elements[0] に山田が入る
hen_mei=window.document.forms[0].elements[1].value;     … elements[1] に花子が入る
hen_mail=window.document.forms[0].elements[2].value;    … elements[2] に hana.yamada@abc.com が入る
if(window.document.forms[0].elements[3].checked==true)
{ hen_seibetsu=" 男性 "; }else{ hen_seibetsu=" 女性 "; }  … elements[3] に男性か女性が入る

    function ch_Name(va){
    if(va=="com"){return "コンピュータ"};    … "com" の値 (value) であれば、戻り値は "コンピュータ"、
    if(va=="rb"){return "読書"};              　　　"rb" の値 (value) であれば、戻り値は "読書"、
    if(va=="sp"){return "スポーツ"};          　　　"sp" の値 (value) であれば、戻り値は "スポーツ"、
    if(va=="od"){return "アウトドア"};        　　　"od" の値 (value) であれば、戻り値は "アウトドア"、
    if(va=="sn"){return "散歩"};              　　　"sn" の値 (value) であれば、戻り値は "散歩" を
    }                                          　　　for 文の中の呼び出した関数に戻します。
var hen_hyouji="";
    for(i=5;i<=9;i++){
    if(window.document.forms[0].elements[i].checked==true){   … どの趣味にチェックされているか、if文で評価する。
    hen_hyouji=hen_hyouji+ch_Name(window.document.forms[0].elements[i].value)+",";
    }
    }
window.document.write(" 姓名：",hen_sei + hen_mei,"<br> メールアドレス：",hen_mail,"<br> 性別：",hen_seibetsu,"<br> 趣味：",hen_hyouji);
}
</script>
</head>
<body>
<form>
姓 <input type="text" size="10" name="sei">
名 <input type="text" size="10" name="mei"><br>
メールアドレス <input type="text" size="30" name="mail"><br><br>
性別 <br>
男性 <input type="radio" name="ra" value="m">    … 男性を●にすると値 (value) が "m" になり
```

女性 <input type="radio" name="ra" value="f">

　　…　女性を◉にすると値（value）が "f" になる
趣味
<input type="checkbox" name="shumi" value="com"> コンピュータ
<input type="checkbox" name="shumi" value="rb"> 読書
　　　　…　コンピュータ、スポーツ、
<input type="checkbox" name="shumi" value="sp"> スポーツ
　　　　散歩に☑を入れると、そ
<input type="checkbox" name="shumi" value="od"> アウトドア
　　　れぞれ "com"、"sp"、"sn"
<input type="checkbox" name="shumi" value="sn"> 散歩
　　　　　の値（value）が取られる

<input type="submit" value=" 送信 " onclick="sendForm()">　　このonclickは擬似的な方法です。
<input type="reset" value=" キャンセル ">　　　　　　　　　この項の（注）を理解しましょう。
</form>
</body>
</html>

図 4-9-3　フォームの確認

説明
1) プログラムの確認
①関数 sendForm

　関数「sendForm」を呼び出すためには、onclick= "sendForm( )" の記述が必要です。

　ex71.html の送信ボタンの部分を以下のように書き直してください。

　　　　<input type= "submit" value= "送信" onclick= "sendForm( )" >

　送信ボタンをクリックするタイミングで sendForm という関数が実行されます。onclick はイベントハンドラーです。詳しくは、4-10 節で理解しましょう。

②関数 ch_Name(va)

　趣味の value 値を変換する関数です。この関数は for 文の中で呼び出され、return を使い趣味の各文字列を戻り値として、呼び出した関数へ戻しています。

③さらに、for 文で繰り返し、どの趣味にチェックされているか if 文で評価します。趣味の数だけ評価します。

④ write メソッドで document 上に書き出します。

(注)この問題は、アンケートフォームを作成して、ファイルが完成した後は、送信ボタンを押してデータを送信することになります。1-2-2項の図 1-2-2 で説明したように、実際のインターネット環境では、送信されたデータ自体は、WWW サーバーに送信されて保管され処理されるのです。この練習問題は、それを write メソッドで確認するという擬似的な方法になっていることを理解しましょう。

4-9-4　練習問題

練習問題 43-1：element オブジェクト 1（ファイル名：ex431.html）

例題 43（sample43.html）を修正し、利用します。例題 43 の 2 名分のフォームの下に 3 人目のフォームを作成しましょう。お客様番号は「103」として、氏名は「自分の名前」を入れてみましょう。

練習問題 45-1：element オブジェクト 2（ファイル名：ex451.html）

例題 45（sample45.html）を修正し、利用します。例題 45 の趣味のチェックボックスの項目を 2 つ追加してください。自分の好きな趣味を自由に決めます。自分の名前を入力し、フォームの確認をしてみましょう。

4-10 ◆ イベントハンドラー

「ボタンをクリックする」、「フォームへ文字を入力する」などのページに対してユーザーが特定の操作をすることを「イベント」と言います。ここでは、ユーザーがページに対して特定の操作をした時（イベント発生時）にプログラムを起動させる方法を紹介します。イベントが発生した時に対応する命令のことを「イベントハンドラー」と呼びます。

例えば「クリックした」「ページを読み終えた」「マウスが重なった」などのイベントが発生した時に、各種のイベントハンドラーが起動します。イベントハンドラーは「on～」で始まり、イベントと呼ばれるメッセージをキャッチしてプログラムを起動します。

イベントハンドラーの名前は、「on」＋イベント名です。

イベントハンドラー	使用場所	イベントハンドラーの説明
onblur	select、textbox、textarea	webブラウザ全体、webページ内のフレーム、フォームのテキストボックスなどからユーザーの選択（フォーカス）が外れたときに生じる。blur（ブラー）とは、ぼやける、かすむの意味。
onchange	select、textarea	要素（フォームフィールド）の値（セレクトメニューなど）がユーザーの操作により変更されたときに生じる。
onclick	button、checkbox、radio、select、	リンクやボタンなどのフォーム要素上でユーザーがクリックした時に生じる。
onfocus	select、textbox、textarea	webブラウザ本体、webページ内のフレーム、フォームのボタンなどをユーザーが選択（フォーカス）した時に生じる。
onload	body	webページがwebブラウザに読み込まれたときに生じる。
onmouseover	button、textbox、textareaなどの部品やp要素、a要素、img要素などの範囲	ユーザーが領域にマウスを移動させたときに生じる。
onmouseout		ユーザーが領域からマウスを移動させたときに生じる。
onsubmit	submit	ユーザーがsubmitボタンを押した時に生じる。
onreset	reset	ユーザーがresetボタンを押した時に生じる。

4-10-1 onclick　例題46（ファイル名：sample46.html）

画像ファイルは、同友館からダウンロードできます。

```html
<html lang="ja">
<head>
<title>onclick</title>
<script>

var i=0;
function change(){
    i++;
    if(i==7){i=0};
    document.shashin.src="image/pic"+i+".jpg";
}

</script>
</head>
<body>
<img name="shashin" src="image/pic0.jpg" height="300">
<form>
<input type="button" value=" 写真が変わります " width="30" onclick="change()">
</form>
</body>
</html>
```

… クリックする度に関数changeが働き、iが1ずつ増えます。i=i+1です
image/pic0.jpg
image/pic1.jpg
　　　　⋮
image/pic7.jpgが繰返されます。

∴クリックする度に、関数changeを呼びます。

クリックすると、pic0.jpgからpic7.jpgまでの8枚画像が順に表示されます。

図4-10-1　onclick

説明
onclick

書き方：onclick ＝ "関数名"
意　味：特定の領域をクリックすると実行される。

　例題 46 は、ボタンをクリックすると、JavaScript をスタートさせる onclick イベントハンドラーが起動します。ここでは関数を指定していますから、ボタンをクリックすると、関数 change が実行されるということです。change( ) が onclick のスクリプト（命令）です。
　インクリメント（ここでは i++）と if 構文を使ってボタンを押すごとに画像が変わっていきます。イベントハンドラーは、次のように要素内に記述します。

　　　　＜要素名　イベントハンドラー名＝"スクリプト（JavaScript の処理）;"＞
"JavaScript の処理" は「;」を用いて複数の処理を記述することができます。さらに1つの要素内に複数のイベントハンドラーを組み込むこともできます。

4-10-2　onmouseover　onmouseout　例題 47（ファイル名：sample47.html）

```
<html>
<head>
<title>onmouseover/onmouseout</title>
<script>

function onMout ( ) {
window.document.bgColor="white";
}
function onMover ( ) {
window.document.bgColor="black";
}

</script>
```
マウスを外す　マウスをかざす

```
</head>
<body>
<p>
<a href="#" onmouseout = "onMout( )" onmouseover = "onMover( )" >
マウスオーバーとマウスアウト </a>
</p>
</body>
</html>
```

図 4-10-2　onmouseover、onmouseout

説明

onmouseover と onmouseout

書き方：onmouseover="関数名"
　　　　onmouseout="関数名"

意　味：マウスをかざす(外す)と実行される。

例題 47 は、

①文字にマウスカーソルをかざすと、

　onmouseover イベントハンドラーにより onMover 関数が呼び出されます。そして、document オブジェクトの bgColor プロパティの値(背景色)を black(黒)にします。

②文字からマウスカーソルを外すと、

　omouseout イベントハンドラーにより onMout 関数が呼び出されます。そして、document オブジェクトの bgColor プロパティの値(背景色)を white(白)にします。

　イベントハンドラーをこれまで学習してきた関数、if 構文、for 構文などと組み合わせて使用することにより、高機能なプログラムを作成することができます。

　なお、href 属性の値に設定されている「"＃"」はリンク先の設定が無い時に、URL やファイル名の代替として記述します。

4-10-3 onload　例題 48（ファイル名：sample48.html）

```
<html lang="ja">
<head>
<title>onload</title>
<script>

function changeScreen(){
    window.alert(" 画面の色と文字が変わります ");
    window.document.bgColor="red";
    window.document.fgColor="white";
}
</script>
</head>
<body onload="changeScreen()">
<h1> こんにちは </h1>
</body>
</html>
```

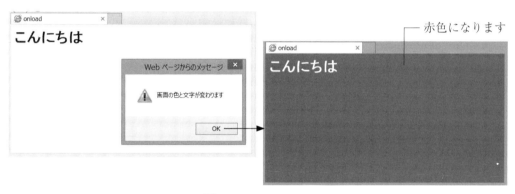

図 4-10-3　onload

説明
onload
書き方：onload="関数名"
意　味：Web ページがブラウザに読み込まれたときに実行される。

　onload は HTML の body 要素に書きます。
　　　　<body onload="changeScreen( )">
Web ページが読み込まれたとき、関数 changeScreen が実行されます。

window.document.bgColor="red";　　…4-7-1 項を参照しましょう。
window.document.bgColor="white";　…4-7-2 項を参照しましょう。

4-11 ◆ window オブジェクトの操作

window オブジェクトは、ウィンドウを新規生成することができます。その際、JavaScript では、新規生成した window オブジェクトにアクセスするため、生成時に変数を使い名前を付ける必要があります。

4-11-1　open メソッド　例題 49（ファイル名：index.html hawaii.html　style.css　フォルダー名：sample49）

元となるフォルダーやファイルは同友館からダウンロードできます。sample49 という名前のフォルダーを作ります。index.html ファイルを作成しましょう。

```
< html lang="ja">
<head>
<link rel="stylesheet" type="text/css" href="style.css">
<script>

    function hawaiiTVL(){
        window.open("hawaii.html","win","height=400");
        }

</script>
<title> 海外旅行案内 </title>
</head>
<body>
<div class="honbun">
<h1>ABC トラベル </h1>
<p>
<img src="image/pic14.jpg" alt=" 海外の素敵な場所案内 " height="300" name="topimg">
</p>                          … pic14.jpg は、index.html の初期画面の画像です
<p class="text">
おすすめの海外リゾート 今すぐクリック！
</p>
<p>
<img src="image/hawaii.gif" alt=" ハワイ " width="156" height="156" class="menu"
onclick="hawaiiTVL()">
<img src="image/singapore.gif" alt=" シンガポール " width="156" height="156" class="menu" >
<img src="image/malaysia.gif" alt=" マレーシア " width="156" height="156" class="menu" >
</p>
<p class="foot">(c)ABC.TRAVEL CO., LTD.<br>
</p>
</div>
</body>
</html>
```

index.html   hawaii.html

（使用する画像は pic14.jpg, hawaii.gif, singapore.gif, malaysia.gif）

図 4-11-1　open メソッド

（使用する画像は pic11a.jpg）

図 4-11-2　open メソッド

説明

open メソッド

書き方：window.open(" 外部ファイル "," ウィンドウ名 "," スタイル ");

意　味：新しいウィンドウ（この場合 "win"）を生成して、指定した外部ファイル (この場合 "hawaii.html") をリンクします。さらにウィンドウのスタイルを指定します。

外部ファイルとスタイル

2つのファイルを保存後、index.html を開いてください。index.html は、

　　window.open("hawaii.html","win","height=400");

の記述により外部ファイル hawaii.html にリンクしています。

また、この例題では、高さ (height)400px のウィンドウサイズを指定しています。

スタイル		
	width= ピクセル値	ウィンドウの幅の指定
	height= ピクセル値	ウィンドウの高さの指定

新規 window オブジェクトの生成

以下のように記述すると新規ウインドウを生成し、そこに文字列を表示させることができます。

　　var win1=window.open("","win1","");

　　win1.document.write("win1 という名前の window オブジェクトです");

4-11-2 close メソッド　例題50（ファイル名：hawaii.html　フォルダー名：sample49）

hawaii.html を修正します。例題50 が完成したら、上書き保存しましょう。

```html
<html lang="ja">
<head>
<link rel="stylesheet" type="text/css" href="style.css">
<script>

    function winclose(){
        window.close();
        }

</script>
<title> ハワイの旅 </title>
</head>
<body>
<div class="honbun">
<h1>Hawaii</h1>
<p><img src="image/pic11a.jpg" height="200"></p>　…　pic11a.jpg は、hawaii.html の画像です。
<form>
<p><input type="button" value=" 閉じる" onclick="winclose()"></p>
</form>
</div>
</body>
</html>
```

hawaii.html

（使用する画像は pic11a.jpg）

図 4-11-3　close メソッド

説明

window.close

書き方：ウィンドウオブジェクト名 .close( );

意　味：window オブジェクトを閉じます。

　この例題では winclose という名前の関数を使っています。

4-11-3 setTimeout メソッド　例題51（ファイル名：index.html hawaii.html style.css　フォルダー名：sample49）

例題51が完成したら、上書き保存しましょう。

（ソースの上部は略）

```
<script>

    function hawaiiTVL(){
            window.open("hawaii.html","win","height=400");
            }
    function changeimg(){
            window.setTimeout("document.topimg.src='image/pic14.jpg'",2000);
            }

</script>
```

<title> 海外旅行案内 </title>
</head>
<body onload="changeimg()">
<div class="honbun">
<h1>ABC トラベル </h1>
<p>
<img src="image/picmono14.jpg" alt="海外の素敵な場所案内" height="300" name="topimg">
</p>
（後略）

（使用する画像は picmono14.jpg）

写真がカラー画像に切り替わります。

（使用する画像は pic14.jpg）

図 4-11-4　setTimeout メソッド　（右の写真がカラー）

説明
setTimeout メソッド

書き方：setTimeout(関数名 , 待ち時間);

意　味：待ち時間、つまり一定時間後に関数が実行されるメソッドです。実行する関数名には ( ) は不要です。

　ここでは、onload イベントハンドラーを使い、関数「changeimg」を呼び出しています。関数「changeimg」は、setTimeout メソッドにより指定時間後（2000 ミリ秒後）に実行が予約されます。以下の記述により、2 秒後に関数「changeimg」を呼び出します。実行予約は msec（ミリセカンド：1000 分の 1 秒）単位で指定します。1000msec は 1 秒です。

```
window.setTimeout("changeimg( )",2000);
         ↑            ↑            ↑
      setTimeout   実行予約する   予約時間
       メソッド     スクリプト
```

4-11-4　練習問題

練習問題 49-1：open、close メソッド（フォルダー名：sample49）

　例題 50 で使用したフォルダー内には、index.html と hawaii.html を修正し、malaysia.html と singapore.html を作成しましょう。index.html も修正し上書き保存してください。

　index.html の malaysia の画像をクリックすると、malaysia.html が開き、malaysia.html の「閉じる」ボタンをクリックすると malaysia.html が閉じるようにします。singapore.html も同様に作成しましょう。関数名は singaporeTVL( ) malaysiaTVL( ) とします。画像は同友館からダウンロードできます。

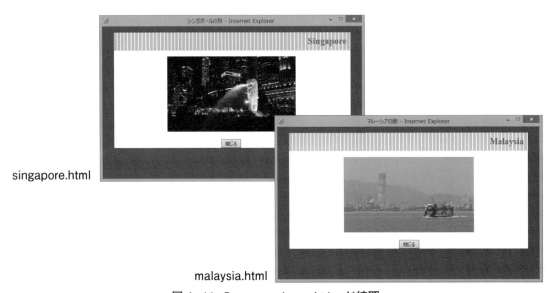

図 4-11-5　open, close メソッド練習

練習問題 49-2：setTimeout メソッド（フォルダー名：sample49）

作成した、hawaii.html　malaysia.html　singapore.html の各ページの写真が 3 秒後に別の写真に代わるように setTimeout メソッドを使ってみましょう。上書き保存してください。画像は同友館からダウンロードできます。

　　　　hawaii.html　　　　3 秒後に　　　画像が pic11b.jpg に変わる
　　　　singapore.html　　　3 秒後に　　　画像が pic12b.jpg に変わる
　　　　malaysia.html　　　 3 秒後に　　　画像が pic13b.jpg に変わる

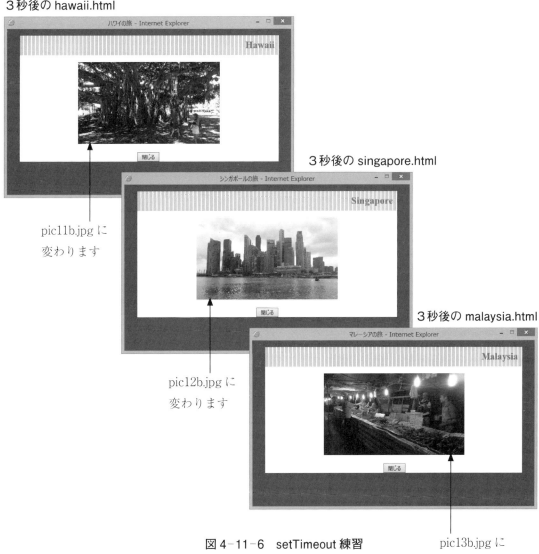

図 4-11-6　setTimeout 練習

―― ヒント ――
画像にそれぞれ、任意の name 属性をつけてください。

4-12 ◆ 組み込みオブジェクト

組み込みオブジェクトとは、Array、Boolean、Date、Error、Function、Global、JSON、Math、Number、Object、RegExp と String の各オブジェクトのことをいいます。

Date オブジェクトは、任意の日付や時間を表したり、現在のシステムの日付を取得したり、日付の差を計算したりするときに使用できます。このオブジェクトには、定義済みのプロパティとメソッドがあります。この節では、Date オブジェクト以外に、Array オブジェクト、Math オブジェクト、String オブジェクトを理解しましょう。

4-12-1　Date オブジェクト　例題 52（ファイル名：index.html　フォルダー名：sample6-js）

第3章で使用した sample6-css フォルダーをコピーして使用しましょう。sample6-js フォルダー内のファイル (index.html sample4.html ex41.html ex42.html ex61.html ex62.html design.css) はファイル名を変えずにそのまま利用しましょう。

フォルダー名 sample6-js を開き、index.html を以下のように修正して上書き保存しましょう。

```
<html>
<head>
<link rel="stylesheet" href="design.css" type="text/css">
<title>ABC カルチャークラブ </title>
```
```
<script>

var honjitsu=new Date();

</script>
```
```
</head>
<body>

（中略）

<p>
```
```
<script>

window.document.write(" 今日は ",honjitsu," です <br>");

</script>
```
```
</p>

( 後略 )
```

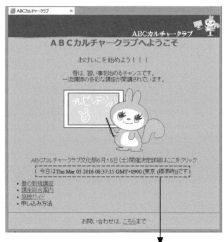

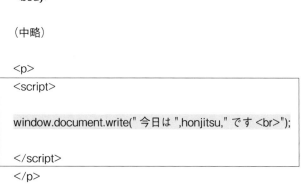

図 4-12-1　日付を取得する

（注）GMT (Greenwich Mean Time) はグリニッジ標準時の略です。+0900 は標準時から9時間進んでいることを意味します。この表示はブラウザにより異なる場合があります。画面の表示はブラウザで表示させた日付が記載されています。

説明
1）new 演算子と Date オブジェクト
書き方：var 変数名＝ new Date( );
意　味：日時に関するオブジェクトを作成します。

　new 演算子を使って、組み込みオブジェクトの１つである日時を扱う Date オブジェクトを作成します。Date オブジェクトのような組み込みオブジェクトを使用するには、次のように、new 演算子を使用します。new は、新しく作成するという意味です。Date オブジェクトを新しく作るわけです
　Date オブジェクトは、変数に代入して使用します。作成されたオブジェクトは、インスタンス（実体）と呼ばれます。

　組み込みオブジェクトである Date オブジェクトは、newDate( ); で作成されて、変数 honjitsu に代入されます。これにより変数 honjitsu は、そのオブジェクトが作成された時刻を記憶するオブジェクトとして扱われます。Date オブジェクトの引数を指定すると、引数に指定した日付が作成されます。

2）Date オブジェクトの引数
書き方：var 変数名＝ new Date(日付や時刻);
意　味：指定した日付や時刻をもとに日付オブジェクトを作成します。

　例題 55 で解説します。日付や時刻を扱うときは、日付オブジェクトを作成する必要があります。
　2016 年 11 月 30 日 11 時 30 分は、new Date("2016/11/30 11:30:00") となります。

4-12-2 日付を表示する 例題53（ファイル名：index.html　フォルダー名：sample6-js）

4-12-1項で修正したフォルダー名sample6-jsのファイル名index.htmlを以下のように修正して上書き保存しましょう。

```html
<html>
<head>
<link rel="stylesheet" href="design.css" type="text/css">
<title>ABC カルチャークラブ </title>
<script>

var honjitsu=new Date();
var hYear=honjitsu.getFullYear();
var hMonth=honjitsu.getMonth();
var hDate=honjitsu.getDate();

</script>
</head>
```
（中略）
```html
<p>
<script>

window.document.write(" 今日は ",hYear," 年 ",hMonth+1," 月 ",hDate," 日です ");

</script>
</p>
</head>
```
（後略）

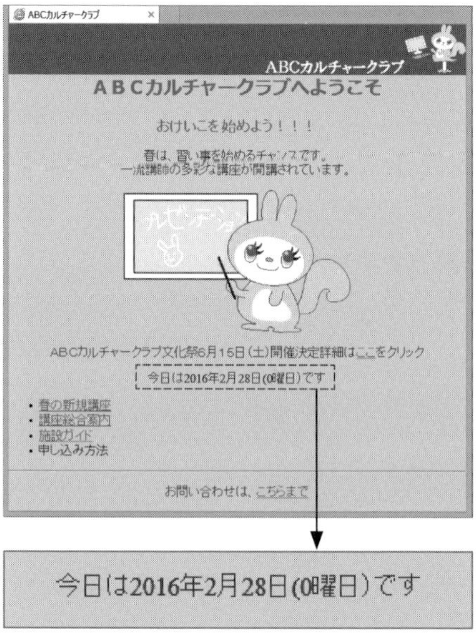

図4-12-2　日付を表示する

説明
get メソッド
書き方：var 変数名＝ Date オブジェクトのインスタンス（変数名）.getFullYear();
意　味：Date オブジェクトのインスタンスから年に関する情報を取得する。
日時に関する情報を取得する場合は、以下のメソッドを使用します。

年を取得する	getFullYear( )
月を取得する	getMonth( )
日を取得する	getDate( )
時を取得する	getHours( )
分を取得する	getMinutes( )
秒を取得する	getSeconds( )
曜日を取得する	getDay( )

① Date オブジェクトを作成後、年、月、日、時、分、秒を別々に Date オブジェクトから取得するために各メソッドを用います。それぞれのメソッドは、上記の通りです。では、Date オブジェクト honjitsu から、年月日の「月」の取得を例として説明します。まず、

   honjitsu.getMonth( );

と記述して、honjitsu という日付データを持つオブジェクトから getMonth メソッドを使い、「月」を取得します。そして、

   var hMonth=honjitsu.getMonth( );

により、取得したデータを変数 hMonth に代入しています。

② ただし、getMonth メソッドの扱いは注意が必要です。getMonth メソッドは、0～11 の数値を返します。1月ならば0を返すため、表示するときに変数内に代入されている月に1を加算しなくては正しい月数が表示されません。そのため、次のように記述します。

window.document.write("今日は",hYear,"年",hMonth+1,"月",hDate,"日(",hDay,"曜日)です");

             ↑
           月に1を加算

今日の日付は、作成した日の日付が表示されます。画面通りではありません。（念のため）
曜日の部分は、この例題では「0曜日」などと0～6までの数字で表示されます。この意味を次の例題で学びましょう。

4-12-3　Array オブジェクト(曜日の表示)　例題 54(ファイル名：index.html フォルダー名：sample6-js)

4-12-2で修正したフォルダー名sample6-jsのファイル名index.htmlを以下のように修正して上書き保存しましょう。

```
<script>

var honjitsu=new Date();
var hYear=honjitsu.getFullYear();
var hMonth=honjitsu.getMonth();
var hDate=honjitsu.getDate();

var youbi=new Array(7);
    youbi[0]=" 日 ";
    youbi[1]=" 月 ";
    youbi[2]=" 火 ";
    youbi[3]=" 水 ";
    youbi[4]=" 木 ";
    youbi[5]=" 金 ";
    youbi[6]=" 土 ";
var hDay=youbi[honjitsu.getDay()];

</script>
</head>
```
(中略)
\<p\>

```
<script>

window.document.write(" 今日は ",hYear," 年 ",hMonth+1," 月 ",hDate," 日 (",hDay," 曜日)です ");

</script>
```
\</p\>
(後略)

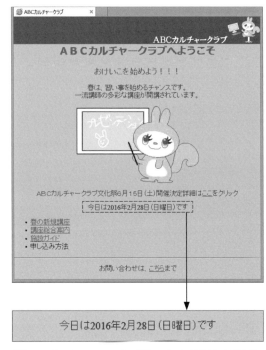

図 4-12-3　Array オブジェクト(曜日の表示)

説明
配列変数

書き方：var 変数(配列)名＝ new Array(数値);
意　味：数値分の配列オブジェクトを、変数(配列)名に代入して作成します。

　添字番号を使った配列変数は、Array オブジェクトを new 演算子を使って変数(配列)名に代入することで作成できます。同一名の変数であっても、それらの変数に1番目、2番目、3番目と番号付けされていれば、別の変数として扱うことができます。このような変数を「配列変数」と呼びます。Array オブジェクトは、配列変数を作成するオブジェクトです。例題は、Array(7); としているので、7つの変数が作られ、変数を区別するための番号として添字番号を0から6まで使用します。添字番

号は必ず 0 から始まります。

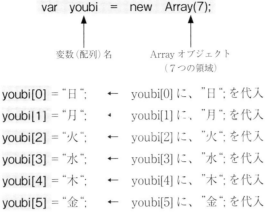

var hDay=youbi[honjitsu.getDay()];
今日の日付の曜日 (get Day) で返る番号が添字 (youbi) になります。これを hDay
という変数に代入して、日、月 …、土になります。
write オブジェクトを使って以下のように記述して、曜日が表示されます。
window.document.write(" 今日は ",hYear," 年 ",hMonth+1," 月 ",hDate,"日(",hDay," 曜日)です");

4-12-4 Math オブジェクト日付の計算　例題 55(ファイル名：index.html　フォルダー名：sample6-js)

4-12-3で修正したフォルダー名 sample6-js のファイル名 index.html を以下のように修正して上書き保存しましょう。

```
<script>

var kouza=new Date("2016/4/3");
var kYear=kouza.getFullYear();
var kMonth=kouza.getMonth();
var kDate=kouza.getDate();


var honjitsu=new Date();
var hYear=honjitsu.getFullYear();
var hMonth=honjitsu.getMonth();
var hDate=honjitsu.getDate();

var youbi=new Array(7);
    youbi[0]=" 日 ";
    youbi[1]=" 月 ";
```

```
        youbi[2]=" 火 ";
        youbi[3]=" 水 ";
        youbi[4]=" 木 ";
        youbi[5]=" 金 ";
        youbi[6]=" 土 ";
var hDay=youbi[honjitsu.getDay()];
var kDay=youbi[kouza.getDay()];

</script>
</head>
<body>
```

（中略）

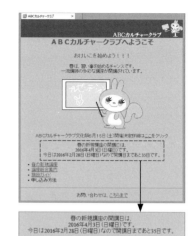

図 4-12-4
Math オブジェクト日付の計算

`<p>`

```
<script>

window.document.write(" 春の新規講座の開講日は、<br>",kYear," 年 ",kMonth+1," 月 ",kDate," 日 (",kDay," 曜日）です。");
window.document.write("<br>");
window.document.write(" 今日は ",hYear," 年 ",hMonth+1," 月 ",hDate," 日 (",hDay," 曜日）なので ");
window.document.write(" 開講日まであと ",Math.ceil((kouza-honjitsu)/(1000*60*60*24))," 日です。");

</script>
```

`</p>`

（後略）

説明

1) 日付の計算

　Date オブジェクトは 1970 年 1 月 1 日からの経過秒数（ミリ秒）を持っているので、計算をすることができます。つまり、1970 年 1 月 1 日 0 時 0 分 0 秒から何ミリ秒経っているかをあらわす数値です。新規講座開催日から本日を引き算をすることで、残りの日にちがミリ秒(1000 分の 1 秒)で返されます。1000 ミリ秒× 60 秒× 60 分× 24 日で割ることにより日数に換算しています。

2) Math オブジェクト

　日数に換算したことにより、小数を含んだ数値が返されます。これを Math オブジェクトを使用することで解決することができます。Math オブジェクトには、多くの計算に関するメソッドが用意されていますが、以下のメソッドを確認しましょう。

window.document.write(" 開講日まであと ",Math.ceil((kouza-honjitsu)/(24*60*60*1000))," 日です。");

Math.ceil ()　　　小数点以下を切り上げる

Math.floor ()　　小数点以下を切り捨てる

Math.ceil ()を記述することで、小数点以下を切り上げて、残りの日にちが整数で表示されます。

4-12-5　Stringオブジェクト（文字列操作）　例題 56（ファイル名：index.html design.css / フォルダー名：sample23-js）

フォルダー名 sample23 をコピーして sample23-js というフォルダーを作成しましょう。ファイル名 index.html を以下のように修正しましょう。

```html
<html lang="ja">
<head>
<title>ABC 大学 </title>
<link rel="stylesheet" href="design.css" type="text/css">
<script>
    message=" オープンキャンパス開催中！次回は１月８日です。";
    number=1;
    function campmsg(){
        if(number<=message.length){
        document.form1.text1.value=message.substring(0,number);
        number=number+1;
        }
    }
</script>
</head>
<body onload="setInterval('campmsg()',300)">
<h1>***　ABC 大学へようこそ　***</h1>
<h2> 学部紹介 </h2>
<p><a href="keiei.html"> 経営学部のページへ </a></p>
<p><a href="hoh.html"> 法学部のページへ </a></p>
<h2> お知らせ </h2>
<form name="form1">
<p><input type="test" size="40" value="" name="text1" style="border-width:1px"></p>
<p> お申し込みはこちら </p>
</form>
</body>
</html>
```

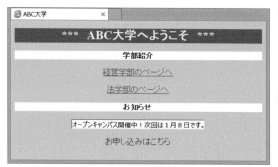

design.cssを修正し、h2要素にフォントサイズ：15px、中央揃えにし、背景色、文字色を自由に指定しましょう。

図4-12-5　Stringオブジェクト（文字列の操作）

説明

1) String オブジェクト

JavaScriptでは、数値や変数に代入されている値を文字列へ変換することができます。stringオブジェクトも組み込みオブジェクトの一つです。テキスト文字列を表すオブジェクトです。このオブジェクトを使用すると、各種文字列操作、文字列の書式設定、文字列内の一部分の取得、文字列内での指定した文字列の検索などを行うことができます。

2) length プロパティ

lengthはstringオブジェクトのプロパティです。stringオブジェクトの長さを取得します。例題56では、変数message「オープンキャンパス開催中！次回は1月8日です」の文字数22文字を取得しています。

　if (number<=message.length)

lengthは変数messageに入っている文字の数を表しています。この式では、もし変数numberが変数messageの数以下だったら ｛｝ を実行するとなります。

3) substring メソッド

substringはstringオブジェクトのメソッドです。元の文字列から2つの引数の間の文字を取得して新しい文字列を作ります。

　message.substring (0,number)

変数messageの文字の0番目から変数numberまでの文字を取り出して新しい文字列を作っています。

4) setInterval メソッド

一定の時間間隔で、任意の関数を繰り返し実行します。
campmsg( )',300 は、関数campmsg()を0.3秒間隔で実行します。

5) CSS の追加

form要素内のテキストボックスにstyle属性をつけています。これは、3-1-2項スタイルシートの記述方法の方法2にあたる書き方です。

総合練習問題6 (ファイル名：index.html　bridge.html　bridge-route.html　tower.html　tower-route.html　form.html　フォルダー名：basic3)

1) 第3章で作成した basic2 フォルダーをコピーしてフォルダー名を basic3 に変更します。
2) 新しく bridge-route.html ファイル、tower-route.html ファイルを作成して、basic3 フォルダーに保存します。bridge.html、tower.html に「行き方」ボタンを作成し、上記ファイルを新しいウインドウ（幅 500px、高さ 500px）で開くように設定しましょう。

    bridge.html　→　bridge-route.html を開く

    tower.html　→　tower-route.html を開く

3) また、新たに form.html を作成し basic3 フォルダーに保存します。
4) index.html のお問い合わせにリンクを設定して、form.html を表示させるようにしましょう。form.html では送信ボタンをクリックした時に、入力された情報を確認する別ウィンドウ（幅 200px、高さ 200px）を表示させましょう。

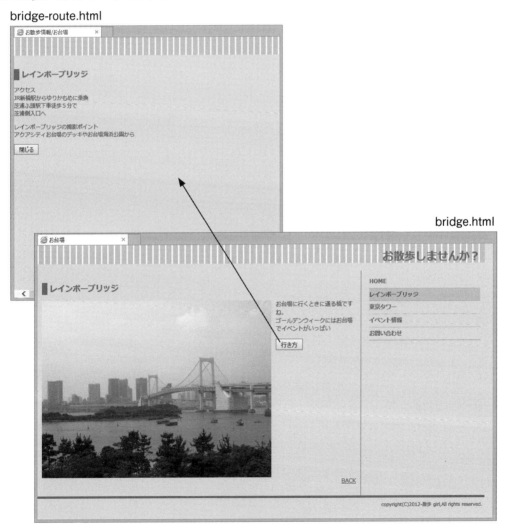

図 4-13-1　総合練習問題 6-1

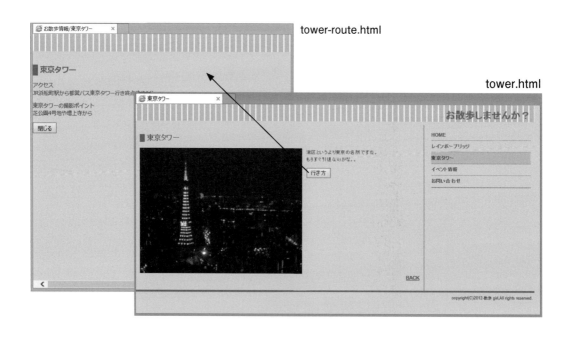

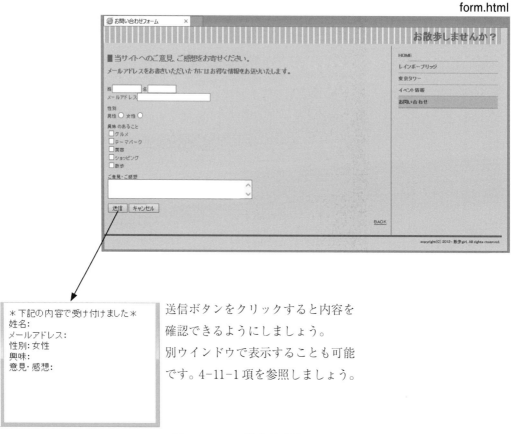

図4-13-2 総合練習問題6-2

参　考　文　献

1) 情報―デジタルコミュニケーション　CG-ARTS協会（画像情報教育振興協会）　平成12年3月15日
2) ネットワークリテラシー基礎　海老澤信一・齋藤真弓・他著　同友館 2003年5月14日
3) HTML + JavaScriptによるプログラミング入門　シンカーズ・スタジオ・他著　日経BP社 2014年8月11日

（注　記）

（1）Windows, Internet Explorer は、Microsoft 社の登録商標です。
（2）Firefox は、米国 Mozilla Foundation の米国及びその他の国における商標または登録商標です。
（3）Safari は、米国 Apple Computer, Inc. の商標または登録商標です。
（4）Google Chrome は、米国 Google Inc. の登録商標です。
（5）opera は、Opera Software ASA 社の商標です。
（6）iPhone、iPad、Multi-Touch は Apple Inc. の商標です。
（7）Adobe Dreamweaver（R）、Adobe Photoshop、Adobe Illustrator、Adobe Fireworks は Adobe Systems Incorporated（アドビシステムズ社）の米国ならびに他の国における商標または登録商標です。
（8）WS_FTP は、Ipswitch, Inc. の登録商標です。
（9）TeraPad は、著作権 寺尾 進氏です。
（10）秀丸の著作権は、工業所有権を含む知的財産権は、有限会社サイトー企画です。
（11）その他、本文中に記述された製品名は、全て関係各社の登録商標（あるいは商標）ですが、本文中での明記は省略させていただきます。

索 引

【あ】

値の代入 ……………………………… 143
アップロード ………………………… 10
アンカーポイント …………………… 47
イベントハンドラー ………………… 179
入れ子 ……………………………… 15, 29
インクリメント ……………………… 145
インスタンス ………………………… 191
インデント …………………………… 25
インライン要素 ……………………… 24
エム …………………………………… 69
演算子 ………………………………… 145
オブジェクト ………………………… 131
オンラインストレージサービス …… 7
オンライン web ビルダー …………… 12

【か】

改行 …………………………………… 23
開始タグ ……………………………… 15
外部スタイルシート ………………… 112
外部ファイル …………………… 112, 131
加算 …………………………………… 145
画像の解像度 ………………………… 40
画像の配置 …………………………… 39
画像のファイル形式 ………………… 40
カラー名 ……………………………… 65
関数 …………………………………… 167
関数定義 ……………………………… 167
擬似クラス …………………………… 62
組み込みオブジェクト ……………… 132
クライアント ………………………… 8
クライアントサイド ………………… 9
クラスセレクタ ……………………… 61
クラス名 ……………………………… 61
繰返し構造 …………………………… 166
繰返し制御 …………………………… 159
検索サイト …………………………… 6
減算 …………………………………… 146
コマンド ……………………………… 14
コミュニケーションサイト ………… 6

コメント ……………………………… 136
コーディング ………………………… 155
コンテント …………………………… 15
コントロール ………………………… 52

【さ】

サーバー ……………………………… 5
サーバーサイド ……………………… 9
算術演算子 …………………………… 145
子孫セレクタ ………………………… 61
実行予約 ……………………………… 188
終了タグ ……………………………… 15
乗算 …………………………………… 145
剰余 …………………………………… 145
ショートカットキー ………………… 19
除算 …………………………………… 146
ショッピングサイト ………………… 6
水平線 ………………………………… 23
スクリプト言語 ……………………… 130
スタイル規則 ………………………… 59
スタイル規則の継承 ………………… 61
スタイルシート ……………………… 58
絶対パス ……………………………… 47
セルの結合 …………………………… 34
セレクタ ……………………………… 60
セレクトメニュー …………………… 54
選択構造 ……………………………… 166
相対パス ……………………………… 47
添字番号 ……………………………… 175
ソースコード ……………………… 11, 14
総称ファミリー名 …………………… 72
属性 …………………………………… 15

【た】

タグ …………………………………… 15
タグ記述 ……………………………… 15
段組み ………………………………… 118
段落 …………………………………… 23
チェックボックス …………………… 53
チャット ……………………………… 6

直リンク	48
著作権	29
定義済みオブジェクト	132
ディレクトリ	5
テーブル	31
テーブルの行	33
テーブルのセル	33
テーブル表題	33
テキストエディタ	11
テキストエリア	52
テキストボックス	53
デクリメント	145
ドメイン名	4

【な】

ネスト	29
ネットオークション	6
ネットスーパー	6

【は】

背景画像	86
背景色	84
ハイパーリンク	8
配列変数	194
パス	39
パディング	97
番号付きリスト	27
比較演算子	145
光の3原色	67
引数	170
ピクセル	32
フォーム	51
フォント	70, 72, 77
部品	53
ブラウザ	9, 97
フローチャート	166
ブロック要素	24
プロトコル	5
プロパティ	15
文書型定義記述	15
ページ間リンク	46
ページ内リンク	47
ヘッダー	18

変数	141
変数名	141
ボーダー	92
ホームページ	8
ボタン	51
ボディ記述	15

【ま】

マークアップ言語	14
マーク付きリスト	26
マージン	96
回り込み	111
見出し文字	22
無料電話サービス	7
メールサーバー	5
メソッド	133
文字コード	19
文字化け	20
文字参照	21
文字の色	63
文字列変換	197
戻り値	170

【や】

ユーザー定義関数	167
要素	15
呼び出し	167

【ら】

ラジオボタン	53
リスト	26
リスト項目	27
リンク	45, 115
レイアウト	118

【英数字】

項目	ページ
10 進数	66
16 進数	66
2 進数	67
8 進数	67
active	62
alert メソッド	136
alt	39
Array オブジェクト	132, 194
article	118
background-attachment	89
background-color	85
background-image	87
background-position	89
background-repeat	88
bgColor プロパティ	163
body	15
border	32
border-collapse	107
br	23
caption	33
Cascading Style Sheets	58
checkbox	53
checked	53
class	62
clear	110
close	186
colspan	34
confirm メソッド	139
copyright	29
CSS	58, 85
Date オブジェクト	132, 190
div	23
doctype	15
document オブジェクト	132
DO WHILE 型	166
DO UNTIL 型	166
DTD	18
elemennt オブジェクト	132, 172
em	69
fgColor	164
fgColor プロパティ	164
float	110
font-family	71
font-size	68
font-style	74
font-weight	74
footer	118
form	52
form オブジェクト	132, 172
for 構文	159
FTP クライアントソフトウェア	11
function	167
get メソッド	192
GIF（ジフ）形式	40
h1	22
h2	22
h3	22
h4	22
h5	22
h6	22
head	15
hcader	118
height	39
hover	62
hr	23
href	46
HTML	9
Hyper Text Markup Language	9
id	47
IF THEN ELSE 型	148
IF THEN ELSE 多重型	152
IF THEN 型	150
IF THEN 多重型	154
if 構文	149
img	39
index.html	103
input	53
IP アドレス	4
JavaScript	130
JPEG（ジェイペグ）形式	40
length	198
li	27
link	46
list-style-type	79
list-style-image	81

margin	96, 99	table	32
Math オブジェクト	132, 195	TCP/IP	2
maxlength	53	td	33
META	19	text	53
name	53	text-align	75
name 属性	53	textarea	54
nav	118	text-decoration	74
new	191	th	33
new 演算子	191	title	19
null	150	tr	33
ol	27	type	53
onblur	179	ul	27
onchange	179	undefined	150
onclick	179	URL	4
onfocus	179	value	53
onload	179	var	141
onmouseOut	179	vertical-align	75
onmouseOver	179	visited	62
onsubmit	179	Web	3
onreset	179	Web サイト	8
open メソッド	184	Web ページ	8
option	54	width	39
padding	97	window オブジェクト	132, 184
PNG（ピング）形式	40	write メソッド	134
prompt メソッド	138	www	2
pt	68		
px	68		
radio	53		
reset	53		
return	170		
RGB	66		
rowspan	34		
Salesforce	7		
select	54		
setInterval	198		
setTimeout	187		
setTimeout メソッド	187		
size	53		
String オブジェクト	132, 198		
style	64		
stylesheet	60		
submit	53		
substring	198		

《著者略歴》

齋藤　真弓（さいとう　まゆみ）
　元山脇学園短期大学准教授
　文京学院大学経営学部講師
　青山学院女子短期大学講師
　日本大学商学部講師
　東京農業大学講師
　●第1章、第2章、第3章、第4章
　　執筆＆校正

海老澤　信一（えびさわ　しんいち）
　文京学院大学名誉教授
　元日本大学商学部非常勤講師
　●第1章、第2章、第3章執筆＆校正、
　　第4章校正

神　美江（じん　よしえ）
　情報関連科目ティーチングアシスタント
　Salesforce 運用担当技術者
　書籍編集者
　●第1章、第4章執筆＆校正、全掲載
　　プログラム稼働テスト、全編校正

《制作協力》

齋藤　佐代子（さいとう　さよこ）
　表紙デザイン、写真提供

浜田　直道（はまだ　なおみち）
　文京学院大学経営学部非常勤講師
　写真提供

海老澤　奈央子（えびさわ　なおこ：旧姓 古川）
　イラスト制作
　㈱ムービス（MOVIS）取締役
　各種システム開発
　http://www.movis.co.jp/

2016年4月11日　初版第1刷　発行

演習　Webプログラミング入門（改訂版）

編著者	齋　藤　真　弓
	海老澤　信　一
著　者	神　　　美　江
発行者	脇　坂　康　弘

発行所　　　㈱同友館

東京都文京区本郷3丁目38番1号
TEL (3813) 3966　FAX (3818) 2774
URL http://www.doyukan.co.jp/

落丁・乱丁本はお取り替えいたします。　　　三美印刷／松村製本所

ISBN978-4-496-05191-3　C3030　Printed in Japan

本書の内容を無断で複写複製（コピー）することは特定の
場合を除き、著作権・出版社の権利侵害となります。